Das Buch

Ausgehend von dem Thema der gesellschaftlichen Chancengleichheit zeigt Dobzhansky – vor allem am Beispiel dessen, was »Intelligenz« genannt wird –, wie durch das komplexe Zusammenwirken von Erbanlagen und Umwelt persönliche Variabilität entsteht, und er zeigt damit gleichzeitig, daß die Würde der Person ihren Ausdruck in der tatsächlichen Einzigartigkeit jedes Menschen findet. Aus der Sicht des Genetikers demonstriert er, wie absurd und töricht die Argumente von Rassisten und Verteidigern von Kasten- oder starren Klassensystemen sind.

D1868893

Der Autor

Theodosius Dobzhansky, geb. am 25. 1. 1900 in Nemirow bei Lemberg, war nach seinem Studium der Biologie ab 1921 Dozent in Kiew und Leningrad. Von 1929 bis 1940 lehrte er am California Institute of Technology in Pasadena Biologie und Genetik. Danach – bis 1962 – war er Professor an der Columbia University in New York und anschließend – bis zu seiner Emeritierung 1971 – an der Rockefeller University in New York und der University of California. Veröffentlichungen in deutscher Übersetzung: ›Vererbung und Menschenbild‹ (1966) und, zusammen mit Leslie Dunn, ›Vererbung, Rasse und Gesellschaft‹ (1970).

Theodosius Dobzhansky:

Intelligenz
Vererbung und Umwelt

Deutscher
Taschenbuch
Verlag

dtv

Aus dem Amerikanischen
von Dr. Holger Fliessbach

Juni 1975
Deutscher Taschenbuch Verlag GmbH & Co. KG,
München
Die Originalausgabe erschien 1971 unter dem Titel
›Genetic Diversity and Human Equality‹ bei Basic Books,
New York
© Theodosius Dobzhansky 1971
© der deutschen Ausgabe: mvg · Moderne Verlags GmbH,
München
Umschlaggestaltung: Celestino Piatti
Gesamtherstellung: C. H. Beck'sche Buchdruckerei,
Nördlingen
Printed in Germany · ISBN 3-423-04170-6

INHALT

VORWORT

Die Entwicklung der Genetik, der Wissenschaft von der Vererbung, hat in den letzten Jahren zu Fortschritten geführt, die nicht nur für den einzelnen Menschen, sondern auch für die menschliche Gesellschaft von außergewöhnlich großer Bedeutung sind.

Theodosius DOBZHANSKY hat durch seine eigenen Arbeiten auf dem Gebiet der experimentellen Genetik im Lauf seiner nun 50jährigen wissenschaftlichen Laufbahn wesentlichen Anteil an dieser Entwicklung. Sein besonderes Verdienst aber ist es, immer wieder auf die Notwendigkeit einer Synthese der Wissenschaften hingewiesen und die Forschungsergebnisse der Genetik für eine umfassende Biologie vom Menschen nutzbar gemacht zu haben. Die genetischen Grundlagen der individuellen Unterschiede sind dabei ebenso Gegenstand seines Interesses wie die Entstehung menschlicher Populationen mit ihrer Gruppenvariabilität und die Evolution des Menschen.

Die Tatsache, daß Dobzhansky mit seinen Werken über den Kreis seines Faches hinaus in der breiteren Öffentlichkeit – auch im deutschen Sprachraum – so reges Interesse gefunden hat, ist nicht zuletzt in seiner Absicht begründet, den oft heißen Diskussionen in Fragen des täglichen Lebens, wie etwa Rassenproblemen, Wandlung von Gesellschaftsstrukturen oder der Bedeutung von Erbe und Umwelt für die individuelle Entwicklung des Menschen eine wissenschaftlich fundierte, sachliche Basis zu geben.

Auch das neueste Buch Dobzhanskys, »Intelligenz, Vererbung und Umwelt«, stellt einen solchen Beitrag dar. Ausgehend von dem nicht nur in den USA viel diskutierten Thema der »Chancengleichheit« wird, vorwiegend am Beispiel dessen, was man Intelligenz nennt, das komplexe Zusammenwirken von Erbe und Umwelt bei der Entstehung der individuellen Variabilität demonstriert und so das Wesen der Einzigartigkeit jedes Menschen verständlich gemacht. Aus der Sicht des Genetikers führt der Autor Hypothesen von Klassen- und Rassenfanatikern ad absurdum und gibt mit seiner Darstellung der menschlichen Evolution nicht nur sachliche Information, sondern auch Anregungen zur Frage nach dem Sinn menschlichen Lebens.

München, im Februar 1974 GERFRIED ZIEGELMAYER

EINFÜHRUNG

John Dewey glaubte, daß Philosophie mehr sein müsse als ein akademisches Geschäft oder ein Beweis intellektueller Akrobatik: »Wir können vermutlich nicht besser erfassen, worum es einer lebendigen, nicht erstarrten Philosophie im Grunde geht, als durch die Frage, welche Kriterien, Ziele und Ideale unsere Bildungspolitik und unsere Bildungsbestrebungen leiten sollen.« Der gleiche Maßstab, so meine ich, gilt auch für die Evolutionsbiologie. Ein Biologe mag Mäuse erforschen, Drosophilafliegen, Pflanzen oder Bakterien: sein Endziel muß dennoch der Beitrag sein, den er zum Verständnis des Menschen und seiner Stellung im Universum leistet. Biologie, und Wissenschaft überhaupt, muß anthropozentrisch sein, d. h. relevant für den Menschen. Die »Relevanz« umfaßt dabei mehr als technologische oder Umweltprobleme und sonstige sogenannte praktische Probleme. Grundsätzlich steht Wissenschaft im Dienste des Menschen. Dewey betrachtete mit Recht die Loslösung der Wissenschaft von der Ethik und von den Werten als »intellektuellen Skandal«. Er gehörte zu denen, die mit Martin E. Malia der Meinung sind, daß »das Geistesleben nicht nur wissenschaftliche Wahrheit hervorbringt, sondern auch moralische Wahrheit; daß die moralische Wahrheit notwendig auch sozialer Natur ist; und daß es daher in wissenschaftlicher und rationaler Politik das Ziel der sozialen Gerechtigkeit oder Gleichheit gibt; und daß die Männer des Geistes per definitionem die Hauptgaranten dieser Wahrheit-durch-Gerechtigkeit sind«. Zyniker behaupten, die Menschen verwendeten die Wissenschaft nur dazu, ihren selbstsüchtigen

Interessen und Voreingenommenheiten den Anstrich des Respektablen zu geben. Es ist nicht zu bestreiten, daß die Wissenschaft mitunter in diesem Sinne mißbraucht wird. Aber das Verhalten der Menschen wird auch von den Überzeugungen beeinflußt, denen sie anhängen, und hier wird die Wissenschaft zunehmend wichtig: als Quelle dieser Überzeugungen. Insbesondere die Evolutionsbiologie ist relevant für die »Ziele und Ideale unserer Bildungspolitik und unserer Bildungsbestrebungen«.

THEODOSIUS DOBZHANSKY

I

Verschiedenheit der Menschen, Gleichheit der Person

Weit verbreitet in der modernen Welt, wenn auch keineswegs überall anerkannt und befolgt, ist die Lehre, daß alle Menschen gleich sind oder gleich sein sollten. Eine Forderung, die in den klangvollen Sätzen der amerikanischen Unabhängigkeitserklärung nachdrücklich formuliert ist. Die Idee der Gleichheit ist ein integrierendes Element der amerikanischen Tradition, doch auch die Quelle dessen, was Myrdal (1962) das »Amerikanische Dilemma« nannte. Nur zu oft bleibt sie in Ratlosigkeit und offenkundigen Widersprüchen stecken. Gleichheit wird verwechselt mit Identität, Verschiedenheit mit Ungleichheit. Diese Verwechslung ist sogar in den Schriften von hervorragenden Wissenschaftlern anzutreffen, die es eigentlich hätten besser wissen müssen. Politische Propagandisten der äußersten Rechten wie der äußersten Linken machen die Verwirrung bewußt noch größer.

Es könnte scheinen, als ob der einfachste Weg, die Idee der Gleichheit zu diskreditieren, in dem Nachweis besteht, daß die Menschen von Natur aus, d. h. genetisch und daher unwiderruflich, verschieden und ungleich sind. Das Problem dabei ist, daß menschliche Gleichheit die Rechte jedes Menschen und die Unantastbarkeit des menschlichen Lebens betrifft, nicht aber körperliche oder gar geistige Eigenschaften. Laut Deklaration der UNESCO zum Rassenproblem (1952) »hängen Gleichheit der Chancen und Gleichheit vor dem Gesetz als ethische Prinzipien in keiner Weise von der Voraussetzung ab, daß die Menschen hinsichtlich ihrer Erbanlagen tatsächlich gleich sind«.

Verfechter des Gleichheitsgedankens verstricken sich in das gleiche Problem, wenn sie die genetische Verschiedenheit der Menschen herunterzuspielen oder zu leugnen versuchen. Sie übersehen oder verkennen, daß diese Verschiedenheit eine beobachtbare Naturtatsache ist, während Gleichheit ein ethisches Gebot ist. Zumindest prinzipiell ist es möglich, den Mitgliedern einer Gesellschaft oder den Bürgern eines Staates die Gleichheit vorzuenthalten oder zu gewähren – unabhängig davon, wie ähnlich oder verschieden sie sind. Ebenso ist Ungleichheit nicht biologisch gegeben, sondern wird vielmehr von der Gesellschaft verfügt.

Der Grund für genetische Verschiedenheit

Die Alltagserfahrung zeigt uns, daß jeder Mensch, dem wir begegnen, von jedem anderen vorher gesehenen Menschen verschieden ist. Selbst sogenannte identische oder eineiige Zwillinge sind nicht wirklich identisch: es sind erkennbar verschiedene Personen. Während aber das Erkennen von Individualität auf einer Verallgemeinerung beruht, die wir aus der Praxis des täglichen Lebens ableiten, begann man, die Ursachen der Individualität erst mit der Heraufkunft der Biologie und speziell der Genetik zu verstehen. Mendel zeigte, daß Eltern, die für dieselben n Gene heterozygot sind, potentiell 3^n genetisch differierende Arten von Nachkommenschaft hervorbringen können. Ist jedes Elter für n verschiedene Gene heterozygot, so können beide Eltern potentiell 4^n Arten von Nachkommenschaft hervorbringen. Die Frage nach der Anzahl der Gene, für die ein Mensch durchschnittlich heterozygot ist, war lange Zeit heftig umstritten. Es hat heute den Anschein, als bewege sich die Zahl mindestens in den Tausendern oder Zehntausendern. Auch wenn nicht jede mögliche Kombination von Erbanlagen gleich wahrscheinlich ist, ist die in geschlechtlicher Fortpflanzung erzeugte genetische Vielfalt immens. Mit Ausnahme von eineiigen Zwillingen und sonstigen eineiigen Mehrlingsgeburten ist die Wahrscheinlichkeit, daß in der Vergangenheit, Gegenwart oder Zukunft einmal zwei Menschen genetisch identisch sind, minimal. Der Grund für diese genetische Vielfalt ist die Mendelsche Rekombination der Gene bei der geschlechtlichen Fortpflanzung; eineiige Mehrlingsgeburten resultieren aus ungeschlechtlicher Multiplikation geschlechtlich produzierter, befruchteter Eizellen.

Die menschliche Individualität manifestiert sich in den verschiedensten Arten von Eigenschaften. Eines der eindrucksvollsten Beispiele ist wohl die Abstoßung von Hautverpflanzungen oder Organtransplantaten, die von anderen Personen stammen. Autoplastische Transplantationen, d. h. Gewebeverpflanzungen von einem Teil des Körpers auf einen anderen, werden gewöhnlich ohne Schwierigkeiten angenommen; ebenso Transplantate von einem eineiigen Zwilling auf den anderen. Das Transplantat einer anderen Person jedoch, selbst wenn es ein Geschwister, Elter oder Kind ist, wird aufgrund einer Immunitätsreaktion im Empfänger gewöhnlich abgestoßen. Nur durch recht drastische Maßnahmen, zu denen die künstliche Drosselung der Antikörperproduktion im Empfänger gehört, können sich Transplantate, die von einer anderen Person oder sogar von einer anderen Art stammen, vorübergehend halten. Aus naheliegenden Gründen hat man diese Dinge am genauesten an Versuchstieren, und zwar an Mäusen, erforscht. Diese Untersuchungen haben die Existenz zahlreicher sog. Histokompatibilitäts-Gene ans Licht gebracht; nur dann, wenn zwei Individuen zufällig dieselben Konfigurationen (Allelen) dieser Gene tragen, können homoplastische Transplantationen (bei denen Spender und Empfänger nicht identisch sind) Erfolg haben. Außer bei eineiigen Zwillingen kann eine solche genetische Ähnlichkeit auch bei Mitgliedern einer Inzuchtlinie auftreten, die über viele Generationen durch Heirat naher Verwandter, gewöhnlich zwischen Brüdern und Schwestern, fortgeführt wurde. Wegen der Universalität der Inzesttabus beim Menschen ist eine längere Inzucht der genannten Art bei menschlichen Populationen nicht anzutreffen.

Die genetische Individualität beim Menschen und bei anderen, sich geschlechtlich fortpflanzenden Arten läßt sich auch durch Untersuchung einiger biochemischer Eigenschaften zeigen. Die Existenz mehrerer Blutgruppen, d. h. schwer verständlicher, aber bedeutsamer Unterschiede der roten Blutkörperchen, auf die man bei Bluttransfusionen achten muß, ist schon seit Beginn unseres Jahrhunderts bekannt. In neuerer Zeit haben genetisch determinierte Varianten einiger Enzyme (Allozyme) Beachtung gefunden. Untersuchungen an mehreren Arten der Drosophilafliege haben ergeben, daß ein Durchschnittsindividuum natürlicher Populationen für 10 bis 20 Prozent derjenigen Gene heterozygot ist, die Allozymvarianten determinieren. Ähnlich scheinen die Dinge in menschlichen Populationen zu liegen. Es ist nicht sicher, ob die untersuchten Allozymgene ein gutes Beispiel für alle in einem Organismus vorhandenen Gene sind. Die Anzahl der Gene in einer menschlichen Geschlechtszelle ist ebenfalls nicht bekannt – neuere Schätzungen reichen von hunderttausend bis zu mehreren Millionen. Geht man aber einmal von den 10 bis 20 Prozent heterozygoter Gene aus, so erweist sich die Zahl der potentiell möglichen Genkonstellationen als weitaus höher als die Anzahl der von Physikern im gesamten Universum vermuteten subatomaren Teilchen! Ein zwingender Schluß hieraus ist, daß nur ein winziger Bruchteil der möglichen genetischen Ausstattung in der menschlichen oder einer sonstigen biologischen Art auftreten kann.

Ob die genetische Verschiedenheit von Allozymvarianten oder Histokompatibilitäts-Genen von großer Bedeutung in sozialer Hinsicht ist, kann man natürlich bezweifeln. Auf den ersten Blick scheint die Antwort negativ zu sein. Mit Ausnahme einiger pathologischer Varianten scheinen unsere Enzymkonfigurationen oder Blutgruppen unerheblich zu sein. Jedoch können Gene eine sog. Pleiotropie bewirken und eine Reihe von Eigenschaften modifizieren. So sind viele Erbkrankheiten, die durch Veränderungen einzelner Gene hervorgerufen werden, »Syndrome« scheinbar ganz unzusammenhängender Eigenschaften. Die Möglichkeit läßt sich nicht ausschließen, daß anscheinend neutrale, weder nützliche noch schädliche, genetische Varianten unerwartete Begleiterscheinungen in der physiologischen und psychischen Sphäre haben. So hat man beispielsweise behauptet, daß die Blutgruppen A, B und 0 mit Resistenz gegen Pest, Pokken bzw. Syphilis einhergingen. Die Gültigkeit dieser Behauptung wird noch geprüft.

Gene und Umwelt

Die genetische Bedingtheit vieler menschlicher Merkmale, die fraglos für ihre Träger und für die Gesellschaft, in der sie auftreten, von Bedeutung sind, ist für verschiedenartige Merkmale mehr oder weniger zuverlässig gesichert. Das Wort »Bedingtheit«, anstelle von »Determination«, wurde mit Bedacht gewählt. Intelligenz, Persönlichkeit, besondere Fähigkeiten und andere Merkmale sind der Modifizierung durch genetische Faktoren, nicht weniger als durch Umweltfaktoren, zugänglich. Was bedeutet es demnach, daß die Intelligenz eines Menschen, wie man oft behauptet, »durch seine Gene determiniert« sei? Zweifellos bedeutet es nicht, daß der Träger dieser Gene notwendigerweise nur diesen Intelligenzgrad, nur diese Art von Intelligenz haben kann; denn dieselbe Genkonstellation hätte unter andersartigen Umständen in einer niedrigeren oder einer höheren Intelligenz resultieren können. Die Gene haben die Intelligenz (die Körpergröße, das Gewicht) eines Menschen *determiniert* nur in jener spezifischen Abfolge von Umwelten, denen dieser Mensch im Lauf seiner Erziehung und seiner Lebenserfahrungen ausgesetzt war. Was sich aktuell herausbildet, ist durch das Zusammenspiel der Gene mit den Umwelten *bedingt.* Jeder Mensch ist einmalig und unwiederholbar. Keine zwei Individuen, mit Ausnahme eineiiger Zwillinge, haben dieselben Gene; und nicht einmal eineiige Zwillinge haben dieselbe Umwelt.

Betrachten wir nun die Menschen allgemein, nicht einen einzelnen Menschen. Was die Gene in der Tat determinieren, sind die Reaktionsbreiten, über welche Individuen mit mehr oder minder ähnlichen Genen innerhalb der ganzen Skala möglicher Umwelten verfügen. Der Begriff der Reaktionsbreite ist wichtig, wenn auch für manche Menschen merkwürdig schwer zu erfassen. Erblichkeit ist nicht ein Zustand, sondern ein Prozeß. Genetische Merkmale sind in den Geschlechtszellen nicht präformiert, sondern treten im Verlauf der Entwicklung zutage, wenn Potentiale, die durch die Gene determiniert sind, im Prozeß der Entwicklung in bestimmten Umwelten realisiert werden. Ähnliche Gene können in unähnlichen Umwelten verschiedene Wirkungen haben, ebenso wie unähnliche Gene in ähnlichen Umwelten.

Obwohl oft gesagt wird, daß die Gene die Ober- und Untergrenze determinieren, die ein Merkmal wie Intelligenz oder Körperhöhe erreichen kann, ist dies keine brauchbare Formulierung. Existierende Umwelten sind unendlich variabel, und dauernd kommen neue hinzu. Die Reaktionen einer gegebenen Genkonstellation in allen Umwelten zu testen, ist offensichtlich unmöglich. Wie sollte man auch etwa die größte Körperhöhe ermitteln, die ich in einer besonders günstigen Umwelt hätte erreichen können, oder die niedrigste, bei der ich hätte zu wachsen aufhören können, und dennoch am Leben geblieben wäre? Noch weiter hergeholt ist es, die Körpergröße für Umwelten vorauszusagen, die in Zukunft, vielleicht mit Hilfe eines Wachstumshormons, erreichbar sein mögen.

Die Vorstellung, Intelligenz und andere sozial bedeutsame Merkmale des Menschen könnten erblich sein, erregt bei vielen Menschen Anstoß – meistens aufgrund einer Verwechslung von Erblichkeit mit Schicksal oder Prädestination. Eine genetische Bedingtheit der Variationen der Intelligenz bedeutet aber nicht notwendig, daß die Intelligenz eines Menschen unwiderruflich durch seine Gene fixiert ist. Durch Erziehung, Ausbildung oder Krankheit kann sie gesteigert werden oder verkümmern. Im Prinzip unterliegt jedes Merkmal der Modifizierung durch genetische wie durch Umwelteinflüsse. Je mehr über die Entwicklungsphysiologie eines Merkmals bekannt ist, um so größer ist die Möglichkeit, dieses in einer Richtung zu beeinflussen, die man für wünschenswert hält.

Nehmen wir einmal an, die Durchschnittsintelligenz von Vertretern einer bestimmten Klasse oder Rasse sei höher oder niedriger als der Durchschnitt anderer Klassen oder Rassen in Umwelten, die in unserer Gesellschaft gegenwärtig existieren. Würde dies Rassen- und Klassenvorurteile rechtfertigen? Keineswegs; denn selbst beim derzeitigen, bedauerlich unvollkommenen Stand unseres Wissens lassen sich durch intensive Betreuung und Schulung von Kindern wesentliche Veränderungen in der manifestierten Intelligenz erreichen (Heber, 1968). Unter veränderten Aufzucht- und Erziehungsbedingungen könnte die Diskrepanz der Gruppendurchschnitte möglicherweise aufgehoben oder gar umgekehrt werden. Es wird oft gesagt, wer an die entwicklungsmäßige Flexibilität menschlicher Merkmale glaube, fürchte lediglich, Untersuchungen über Klassen- und Rassendurchschnitte könnten die schreckliche Tatsache enthüllen, daß diese Durchschnitte genetisch bedingt sind. Solche Befürchtungen kann nur teilen, wer die Natur der genetischen Bedingtheit verkennt.

Wir bedürfen dringend einer Untersuchung der Reaktionsrepertoires der bestehenden Vielzahl menschlicher Erbanlagen in existierenden und denkbaren physischen und sozialen, ernährungs- und bildungsmäßigen Umwelten. Die Wichtigkeit von Forschung auf diesem Gebiet ist kaum zu überschätzen. Doch unsere Kenntnisse darüber, welche Umwelten zur Realisierung sozial wünschenswerter Potentiale an menschlichem Erbgut am günstigsten sind, bleiben unvollkommen, trotz einiger spektakulärer Forschungsergebnisse über den medizinischen und den Bildungsaspekt. Agrikulturforschung ist im Prinzip ein ähnliches Unternehmen, angewandt auf Haustiere und Kulturpflanzen. Doch kann der Landwirt gegenwärtig weiter gehen als der Soziologe und in die genetische Konstitution der betreffenden Tiere und Pflanzen modifizierend eingreifen. Die Modifikation zielt darauf ab, die Tiere und Pflanzen sich in den ihnen angewiesenen Umwelten in einer für den Menschen maximal vorteilhaften Weise entwickeln zu lassen. Ein analoges Eingreifen in die menschliche Entwicklung wird von verschiedenen Eugenikprogrammen anvisiert, doch ist dies weithin eine Zukunftsaufgabe. Jedenfalls schließt genetische Bedingtheit – wie ausgeprägt auch immer – nicht eine Verbesserung durch Manipulation der Umwelten aus.

Genetische und umweltliche Bedingtheit des IQ

Die bei weitem reichhaltigste Information über Distribution und Genetik eines mentalen Merkmals des Menschen betrifft den Intelligenzquotienten (IQ). Trotzdem herrscht allerhand Zweifel und lebhafte Polemik hinsichtlich der genauen Beschaffenheit jener »Intelligenz«, die der IQ mißt. Ich habe nicht vor, mich als Psychologen auszugeben und verweise den Leser zur Orientierung über die einschlägigen Probleme auf die Arbeiten von Anastasi (1958), Brown (1965), Butcher (1968), Thomson

(1967) und Tyler (1965) sowie auf die dort angegebene Literatur. Meinen Übergriff auf dieses Gebiet entschuldige ich damit, daß in jüngster Zeit sensationelle und reißerische Meldungen über die Genetik der IQ-Unterschiede zwischen sozio-ökonomischen Klassen und Rassen verbreitet wurden. Eine kritische Prüfung der genetischen Aspekte der Situation erscheint daher angebracht.

Kein ernstzunehmender Wissenschaftler hält den IQ für einen Maßstab des generellen Wertes oder der Qualität von Menschen (auch wenn das Publikum teilweise zu dieser irrigen Meinung gelangt ist). Der Inhaber eines hohen IQ kann verkommen, selbstsüchtig, schlampig und faul sein; ein niedriger IQ kann mit Güte, Altruismus und harter, sorgfältiger Arbeit einhergehen. Burt (1961) gehört zu den Leuten, die meinen: »wir dürfen ohne weiteres behaupten, daß das Maß an potentieller Fähigkeit, mit dem ein Kind bei seiner Geburt ausgestattet ist, die obere Grenze dessen festsetzt, was es günstigstenfalls in der Schule und im späteren Leben erreichen kann«, und die den IQ für den Maßstab dieser angeblich angeborenen Fähigkeit halten. Andere wieder bestreiten, daß der IQ-Test irgendwelche wissenschaftlich gültigen Informationen liefert und sehen in ihm lediglich einen Trick, dessen sich die privilegierten Klassen bedienen, um ihren Status auf Kosten der unterprivilegierten zu halten. Es ist bedauerlich, daß die Schriften von Jensen (1969), Eysenck (1971) und anderen von Rassenpropagandisten begierig ausgeschlachtet werden – sicherlich ohne Billigung der betreffenden Forscher selber.

Die übertriebenen Behauptungen und Gegenbehauptungen sollten eine rationale Sicht der Frage nicht hindern. Was für den IQ-Test spricht, ist einfach sein statistischer Prognosewert. Selbst wenn nicht schlüssig feststeht, welche geistigen und psychophysiologischen Merkmale in den IQ-Wertungen nun eigentlich erfaßt werden, so gibt es doch unbestreitbar signifikante statistische Korrelationen zwischen IQ-Werten, Schulerfolg, beruflichem Fortkommen (im Berufswesen, wie es gegenwärtig strukturiert ist) und, mit einem gewissen Abstand, Prestige und Prämien, wie sie in den westlichen kapitalistischen oder »nachindustriellen« Gesellschaften vergeben werden. Es ist jedoch wichtig festzuhalten, daß die Korrelationen nicht vollständig sind und daß daher der IQ nicht zuverlässig die Leistung einer getesteten Person voraussagt. Die Prognosekraft mag auch in Gesellschaften begrenzt sein, die, wie das China des Vorsitzenden Mao oder die Gesellschaft der Kalahari-Buschmänner, andersartig als die unseren strukturiert sind.

Daß Unterschiede zwischen Individuen – welche Qualitäten die IQ-Tests auch immer messen mögen – genetisch wie auch umweltlich bedingt sind, ist heute gesicherte Erkenntnis. Da der IQ mit schulischer Leistung korreliert wird, ist auch letztere, wenn auch in geringerem Maße, genetisch und umweltlich bedingt. Die Evidenz für genetische Bedingtheit ist reichhaltig, sie stammt aus mehr als 50 unabhängigen Untersuchungen in acht Ländern und umfaßt mehr als 30.000 Korrelationspaare. Sorgfältig und kritisch zusammengefaßt findet sie sich in einem kurzen Aufsatz von Erlenmeyer-Kimling und Jarvik (1963), in detaillierterer Form bei Jensen (1969). Die erzielten mittleren Korrelationskoeffizienten zeigt Tabelle 1.

In der menschlichen mehr als in jeder anderen Art »erben« Verwandte nicht nur ähnliche Gene, sondern auch ähnliche Umwelten. Eine große Ähnlichkeit eineiiger Zwillinge miteinander würde also nicht an sich schon beweisen, daß der IQ genetischer Kontrolle unterliegt. Die Tatsache jedoch, daß die Ähnlichkeit von Eineiigen beträchtlich höher als die von Zweieiigen ist, macht dies unabweisbar. Zwar hat man den Einwand erhoben, daß Eltern, Spielgefährten, Lehrer usw. monozygotische Zwillinge »gleicher« behandeln als dizygotische und daß infolgedessen die Umwelten der ersteren einander ähnlicher sind als die Umwelten der letzteren. Doch ist dies ein Trugschluß: Eltern und andere Personen wissen in den meisten Fällen nicht genau,

TABELLE 1

Mittlere Korrelationskoeffizienten der IQs von Personen verschiedenen Verwandtschaftsgrades
(nach Spuhler und Lindzey, 1967; und Jensen, 1969)

Art der Verwandtschaft	Anzahl der Untersuchungen	Mittlere Korrelation
Zwillinge, eineiige, zusammen aufgezogen	14	+ 0,87
Zwillinge, eineiige, getrennt aufgezogen	4	+ 0,75
Zwillinge, zweieiige, gleiches Geschlecht	11	+ 0,56
Zwillinge, zweieiige, verschiedenes Geschlecht	9	+ 0,49
Geschwister, zusammen aufgezogen	36	+ 0,55
Geschwister, getrennt aufgezogen	33	+ 0,47
Elter und Kind	13	+ 0,50
Großelter und Enkel	3	+ 0,27
Vettern und Cousinen ersten Grades	3	+ 0,26
Nicht verwandte Kinder zusammen aufgezogen	5	+ 0,24
Nicht verwandte Kinder getrennt aufgezogen	4	– 0,01
Adoptiveltern und Kind	3	+ 0,20

ob ein gegebenes Zwillingspaar mono- oder dizygotisch ist. Die größere Ähnlichkeit der Umwelten monozygotischer Zwillinge ist eine Folge ihrer genetischen Ähnlichkeit. Genetik und Umwelt sind beim Menschen kovariant.

Die IQs eineiiger Zwillinge, die zusammen aufgezogen wurden, korrelieren stärker als die getrennt aufgewachsener. Dies hat offensichtlich mit der Umwelt zu tun. Aber die getrennt aufgezogenen Eineiigen bleiben einander im Durchschnitt immer noch ähnlicher als Zweieiige, die zusammen aufwuchsen. Dies ist durch die Erbanlagen bedingt. Die Korrelationen zwischen zweieiigen Zwillingen, Geschwistern und Kindern, die bei den Eltern aufwuchsen, liegen zwischen +0,47 und +0,56. Da alle diese Verwandtschaftskategorien im Durchschnitt den gleichen Anteil Gene gemeinsam haben, nämlich 50 Prozent, erhalten wir einen weiteren Beweis für genetische Bedingtheit. Großeltern und Enkel haben im Durchschnitt 25 Prozent der Gene gemeinsam, und die Korrelationen zwischen ihnen sind entsprechend reduziert. Der eindrucksvollste Beweis stammt, trotz einiger Unsicherheitsfaktoren in den Daten, aus vergleichenden Tests von adoptierten Kindern und deren Adoptiv- oder Pflegeeltern sowie ihren biologischen Eltern. Adoptierte Kinder haben ja mit den biologischen Eltern Gene gemeinsam, teilen aber mit ihren Adoptiveltern die Umwelt. Trotzdem korrelieren ihre IQs stärker mit den biologischen als mit den Adoptiveltern. Zusammen aufgezogene Geschwister sind sich ähnlicher als zusammen aufgezogene nicht-verwandte Kinder, so wie letztere wieder sich ähnlicher sind als nicht-verwandte Kinder, die getrennt aufwuchsen.

Es ist wichtig, Bedeutung und Grenzen dieser Erkenntnis zu erfassen. Sie stammt fast ausschließlich aus Untersuchungen an Weißen, und zwar vorwiegend der Mittelschicht (eine Ausnahme bildet Vandenberg, 1970, mit der Untersuchung einiger schwarzer Zwillinge). Weder die Zwillinge, noch die getrennt aufgezogenen Geschwister, noch die adoptierten Kinder sind mit dem ganzen Spektrum von Umwelten in Kontakt gekommen, das es in ihren Gesellschaften gibt – von der gesamten Menschheit zu schweigen. Aus Tabelle 1 ist zu ersehen, daß die IQs von getrennt aufgezogenen eineiigen Zwillingen sich beträchtlich ähnlicher bleiben als die von zweieiigen Zwillingen und daß sich getrennt aufgezogene Geschwister ähnlicher sind als nichtverwandte Kinder, die zusammen aufwuchsen. Wie weit die beobachteten Korrelationen durch größere Umweltheterogenität vermindert werden könnten, bleibt eine offene Frage; freilich dürften sie durch keine wie immer geartete Heterogenität auf Null reduziert werden.

Die Arbeit von Heber (1968) wurde bereits erwähnt. Sie beschreibt ein Experiment mit Ghettokindern, deren Mütter IQs unter 70 hatten. Einige Kinder erhielten eine sonderpädagogische Förderung, während andere als Kontrollgruppe dienten. Vier Jahre nach dem Experiment lagen die IQs der geförderten Kinder im Durchschnitt bei 127, die der anderen bei 90: ein spektakulärer Unterschied von 37 Punkten. Der Umstand, daß die Kinder der Kontrollgruppe einen 20-Punkte-Vorsprung vor ihren Müttern hatten, kommt übrigens nicht unerwartet. Die IQs der Väter sind nicht bekannt, mögen aber beträchtlich über denen der Mütter gelegen haben. Außerdem kann dieser Vorsprung auf der bekannten genetischen Erscheinung der »Regression zum Mittelwert« beruhen: die Nachkommenschaft von Eltern über dem Populationsmittel erreicht im Durchschnitt nicht die elterlichen Werte, während die Nachkommenschaft von Eltern unter dem Populationsmittel im allgemeinen die elterlichen Werte übertrifft. Regression zum Mittelwert wurde bei allen Arten von Merkmalen beobachtet, so bei der Körperhöhe und den Körperproportionen; es ist nur natürlich, sie auch im Zusammenhang mit IQs anzutreffen.

Die Arbeit von Skodak und Skeels (1949) ist gleichfalls beeindruckend. Sie untersuchten die Korrelationen zwischen den IQs von adoptierten Kindern und deren biologischen und Adoptivmüttern, wobei die letzteren Korrelationen gegenüber den ersteren niedriger waren. Das heißt nicht, daß die IQ-Werte dieser Kinder genauso hoch wie die ihrer biologischen Eltern waren. Sie lagen wesentlich höher (106 bei den Kindern, 85,5 bei den Müttern), wenn sie auch nicht das Durchschnittsniveau der Adoptiveltern oder deren biologischer Nachkommenschaft erreichten. Hieraus ergibt sich ein einfacher Schluß: Die genetische Bedingtheit der IQs macht diese gegen eine Modifizierung durch die Umwelt nicht unempfindlich.

Die Heritabilitätskontroverse

Die Körperhöhe des Menschen variiert vom Riesenwuchs zum Zwergwuchs und schließt alles Dazwischenliegende ein. In jeder Population ist eine bestimmte mittlere oder Durchschnittshöhe am verbreitetsten, kleine Abweichungen nach oben und unten kommen oft vor, starke Abweichungen sind selten. Varianz ist ein Maßstab für die Variabilität in einer gegebenen Population. Sie wird errechnet als Summe der quadrierten Abweichungen vom Mittelwert, geteilt durch die Anzahl der Beobachtungen. Die Varianz setzt sich offenkundig aus genetischer und aus umweltlicher Variabilität zusammen; die Menschen mögen durch ihre Gene zu einer großen oder kleinen Körperhöhe prädisponiert sein, doch wird ihr Wachstum von einer Vielzahl von Umweltfaktoren gefördert oder gehemmt. Man hat eine Reihe von Ansätzen erprobt, um zu messen, inwieweit die Varianz auf das Konto genetischer und inwieweit auf das Konto umweltlicher Ursachen geht. Der Erblichkeitsgrad (die Heritabilität) wird statistisch errechnet als Verhältnis (oder Prozentsatz) von genetischer zu gesamter beobachteter Varianz. Man kann unterscheiden zwischen Heritabilität »im weiteren Sinne« und »im engeren Sinne«, doch ist dies eine recht schwierige Materie, bei der wir uns hier nicht aufhalten wollen. Die Heritabilität im engeren Sinne dient vor allem zur Prognostizierung des Nutzens, der aus einer Selektion zu erwarten ist, wie sie die Züchter von domestizierten Tieren und Pflanzen betreiben: beispielsweise einer Selektion zur Steigerung der Legeleistung von Hennen oder des Milchertrags bei Kühen. Beim Menschen sind solche Prognosen noch nicht praktikabel, weil die natürliche Selektion schwer zu messen ist, während künstliche Selektion ein Zukunftsthema bleibt.

Die Heritabilität des menschlichen IQ schätzt man anhand von Daten wie den in Tabelle 1 gegebenen. Etwas abweichende Schätzungen erhält man aufgrund anderer Arten von IQ-Tests, ferner aus Korrelationen zwischen Personen verschiedenen Verwandtschaftsgrades sowie zwischen zusammen und getrennt aufgezogenen Verwandten desselben Grades. Die vorhandenen Schätzungen wurden sorgfältig gesichtet von Thomson (1967) und namentlich von Jensen (1969). Jensen gibt eine Gesamtschätzung der Heritabilität des IQ von 0,81 (81 Prozent) an. Das ist eine hohe Heritabilität, wie die Liste der Heritabilität unterschiedlicher Merkmale bei verschiedenen Organismen in Tabelle 2 eindeutig zeigt. Der IQ ist fast ebenso stark erblich wie die menschliche Körpergröße; seine Heritabilität ist bei weitem höher als die der Eiproduktion bei Geflügel oder des Kornertrags bei Mais. Immerhin resultierte die bei diesen letzteren Merkmalen von Tier- und Pflanzenzüchtern betriebene Selektion in wesentlichen Verbesserungen. Verhaltensmerkmale der Drosophila (Reaktion auf Licht und Schwerkraft) haben Heritabilitäten, die eine Größenordnung niedriger als beim IQ sind. Eine so geringfügige genetische Bedingtheit menschlicher Eigenschaften wäre vermutlich nicht mehr nachweisbar, und doch führt künstliche Selektion über zehn bis zwanzig Generationen zu spektakulären Veränderungen im Verhalten der Drosophila-Fliegen.

Über die Bedeutung der hohen Heritabilität des IQ bestehen so viele Mißverständnisse, daß es geboten scheint, deutlich zu machen, was diese Heritabilität bedeutet und was sie nicht bedeutet. Zunächst einmal bedeutet sie nicht, daß der IQ – oder die schulische Leistung, insoweit diese ein Produkt des IQ ist – nicht der Modifizierung durch die Art der Erziehung und sonstige Umwelteinflüsse unterliegt. Die genannten Arbeiten von Heber, Skodak und Skeels haben dies deutlich gezeigt. Noch wesentlicher ist, daß Heritabilität keine innere Eigenschaft eines Merkmals ist, sondern eine Eigenschaft der Population, in der es auftritt. Anhand der Grenzfälle kann man sich das klarmachen. Angenommen, wir haben eine Population, die aus genetisch identischen Individuen besteht; alle Merkmale hätten dann die Heritabilität null. Etwas weniger unrealistisch ist es, sich eine Population vorzustellen, in der alle Mitglieder in identischen Umwelten leben; alle Heritabilitäten wären dann gleich eins. Heritabilitätsschätzungen sind daher nur für diejenigen Populationen und denjenigen Zeitpunkt gültig, aus denen die Daten, auf denen die Schätzungen basieren, erhoben wurden.

Die Abhängigkeit der Heritabilität vom Grad der genetischen und umweltlichen Einheitlichkeit oder Heterogenität muß beachtet werden, sobald man Bewertungen über die Signifikanz von Unterschieden vornimmt, die im IQ oder bei anderen menschlichen Merkmalen beobachtet wurden. Die Information, auf die sich die Heritabilitätsschätzungen für den IQ stützen, stammen – mit einer noch zu nennenden Ausnahme – aus Untersuchungen an weißen Populationen, vornehmlich der Mittelklasse. Die reichhaltigsten Daten beziehen sich auf eineiige und zweieiige Zwillinge und Geschwister, die zusammen, d. h. in denselben Familien, aufgezogen wurden. Die Umwelten, in denen Kinder in derselben Familie aufwachsen, sind zweifellos nicht identisch, aber sie sind auch nicht so divergierend wie bei Familien, die zu verschiedenen sozioökonomischen Klassen, Kasten oder Rassen in unterschiedlichen Teilen der Welt gehören.

TABELLE 2

Beispiele von Heritabilitätsschätzungen bei verschiedenen Tieren und Pflanzen

Organismus und Merkmal	Heritabilität
Fleckung bei Frisian-Rindern	0,95
Schlachtgewicht bei Rindern	0,85
Körperhöhe beim Menschen	0,81
IQ beim Menschen	0,81
Körpergewicht beim Menschen	0,78
Schädelindex beim Menschen	0,75
Pflanzenhöhe bei Mais	0,70
Eigewicht bei Geflügel	0,60
Gewicht der Bewollung bei Schafen	0,40
Milchproduktion bei Rindern	0,30
Kornertrag bei Mais	0,25
Eiproduktion bei Geflügel	0,20
Eiproduktion bei Drosophila	0,20
Ährenlänge bei Mais	0,17
Wurfgröße bei Mäusen	0,15
Reaktion auf Licht bei Drosophila	0,09
Empfängnisrate bei Rindern	0,05
Reaktion auf Schwerkraft bei Drosophila	0,04

Beispiele von Zwillingen und Geschwistern, die getrennt aufgezogen wurden, sind begreiflicherweise selten, und wenn sie doch einmal vorkommen, so sind sie sehr wahrscheinlich in nicht allzu unähnliche Umwelten einzuordnen.

IQ-Unterschiede in sozialen Klassen

Weist schon die Schätzung der Heritabilität von IQ-Unterschieden zwischen einzelnen Mitgliedern derselben Population ihre Schwierigkeiten auf, so nehmen diese noch zu, sobald man Unterschiede zwischen Populationsmitteln betrachtet. Da die Bildungs- und sonstigen Chancen für Kinder verschiedener sozioökonomischer Klassen oft sehr ungleich sind, nimmt es nicht wunder, daß ihre mittleren IQs und Schulleistungen ebenfalls ungleich sind. Burt (1961), Eckland (1967, 1972 a, b) und Gottesman (1968 a, b) haben die einschlägigen Ergebnisse kritisch gesichtet. Eine kurze Zusammenfassung der Daten von Burt, gewonnen an etwa 40.000 Erwachsenen und deren Kindern in Großbritannien, bietet Tabelle 3. Es wird hier unterschieden zwischen Akademikern (I), Fachschulabsolventen (II), Angestellten (III), Facharbeitern (IV), angelernten Arbeitern (V) und ungelernten Arbeitern (VI). Die Durchschnitts-IQs der Väter variieren in diesen Kategorien zwischen 139,7 bei den Akademikern und 84,6 bei ungelernten Arbeitern. Jedoch liegen die Kinder von Vätern mit hoher Punktzahl im Durchschnitt unter dem elterlichen Mittel, die von Vätern mit niedriger Punktzahl darüber. Dies ist die Erscheinung der »Regression zum Mittelwert«, die dem Genetiker wohlbekannt ist und auf die bereits hingewiesen wurde. Unabhängig davon, ob die IQ-Unterschiede zwischen Berufsklassen im wesentlichen genetischer oder umweltlicher Art sind, ist klar, daß die Kinder nicht im vollen

TABELLE 3

Durchschnitts-IQs von Vätern und Kindern, angeordnet nach sozioökonomischen Klassen (I = die höchste, VI = die niedrigste Klasse); nach Burt (1961)

	I	II	III	IV	V	VI
IQ der Väter	139,7	130,6	115,9	108,2	97,8	84,6
IQ der Kinder	120,8	114,7	107,8	104,6	98,9	92,6
Häufigkeit pro Tausend	3	31	122	258	325	261

Umfang das überdurchschnittliche oder unterdurchschnittliche Abschneiden ihrer Eltern erben.

Bei menschlichen Rassen ist die Situation analog. Menschen, die verschiedenen Rassen angehören, haben – ob sie nun in unterschiedlichen Ländern oder aber Seite an Seite in derselben Gegend wohnen – nicht immer gleiche Chancen für ihre körperliche oder geistige Entwicklung. Während aber Mitglieder sozioökonomischer Klassen in der Regel nicht an physischen Merkmalen zu erkennen sind, weisen Rassen gewöhnlich äußerlich sichtbare »Stigmata« auf, die zur Selbstidentifikation und zur Identifizierung durch andere führen. Endlose Diskussionen und leidenschaftliche Polemiken entzünden sich an dem Befund, daß sich die weißen und schwarzen Populationen der Vereinigten Staaten auch hinsichtlich ihrer IQ-Durchschnitte unterscheiden. Sicherlich gibt es bei individuellen Werten eine breite Überschneidung; viele Weiße rangieren unter dem schwarzen Mittel, während viele Schwarze über dem weißen Mittel liegen. Der schwarze Durchschnitt ist jedoch etwa 15 IQ-Punkte niedriger als der weiße.

Klassen- und Rassenunterschiede bei IQ-Durchschnitten kann man auf Ungleichheiten der Bildungschancen und des Lebensstandards zurückführen. Diese Erklärung wird seit jeher von den meisten Sozialwissenschaftlern und den Liberalen bevorzugt. Andererseits könnten die Unterschiede vielleicht genetischer Art sein, was zwar den Rassisten und Reaktionären ins Konzept paßte, womit sich aber kein ernstzunehmender Wissenschaftler identifiziert. Schließlich können sowohl umweltliche wie auch genetische Bedingtheiten im Spiel sein. Der Streitpunkt heißt dann nicht Umwelt contra Erblichkeit, sondern: wie stark die umweltliche im Verhältnis zur genetischen Bedingtheit ist.

Die Kontroverse gewinnt an Hitzigkeit, weil sich herausgestellt hat, daß individuelle IQ-Unterschiede bedeutende genetische Komponenten haben. Rassisten versuchen, aus diesem Umstand maximalen Propagandanutzen zu ziehen. Doch brauchen die Unterschiede zwischen Rassen- und Klassendurchschnitten nicht in demselben Maße wie individuelle Unterschiede genetisch bedingt zu sein. Nicht einmal Rassisten können bestreiten, daß Lebensbedingungen und Bildungschancen von Rassen und Klassen divergieren. Jensen (1969) versucht dennoch, nachdem er explizit eingeräumt hat, daß die Heritabilität individueller Unterschiede nicht gültig als Maßstab der Heritabilität des Populationsmittels dienen kann, eben dies zu tun. Gerechterweise muß man aber zugeben, daß er eine höchst detaillierte Analyse derjenigen Umweltfaktoren vorlegt, die am Zustandekommen der Diskrepanz von IQ-Durchschnitten bei den weißen und schwarzen Populationen der Vereinigten Staaten beteiligt sein können. Er kommt zu dem Schluß, daß diese Faktoren oder Faktorenkombinationen durchweg keine adäquate Erklärung dieser Diskrepanz liefern, weshalb sie wohl großenteils genetischer Art sein muß. Jensens Argumentation vermag mich nicht zu überzeugen.

Scarr-Salapatek (1971 a, b) hat möglicherweise einen Durchbruch in den Heritabilitätsuntersuchungen erreicht. Bisher lag

IQ-Analysen die Annahme zugrunde, daß sich die Wirkung von genetischen und von Umweltfaktoren einfach addierte. Anders ausgedrückt: Genetische und umweltliche Einflüsse, die eine Steigerung oder Verringerung der Intelligenz (und sonstiger mentaler Merkmale) hervorrufen, wirken unabhängig voneinander und immer in derselben Art und Weise. Dies braucht aber keineswegs so zu sein. Genetische Unterschiede mögen sich etwa deutlich sichtbar an Personen manifestieren, die sich in günstigen und stimulierenden Umwelten entwickeln, in widrigen und hemmenden Umwelten dagegen unerkannt bleiben. Träger von Erbanlagen, die unter günstigen Bedingungen hohe IQs entfalten könnten, werden dann nicht besser abschneiden als genetisch weniger gut ausgestattete Menschen in hemmenden Umwelten. Falls dem so ist, dann müßte die Heritabilität des IQ unter benachteiligten sozioökonomischen Gruppen (Klassen und Rassen) niedriger sein als bei den privilegierten Gruppen. Andererseits müßten die Heritabilitäten einheitlich sein, wenn die einfache Additivitätshypothese gültig ist. Beide Hypothesen sind empirisch prüfbar, und Scarr-Salapatek hat einen geistreichen und scharfsinnigen Versuch unternommen, sie zu prüfen.

Unter 250.258 Kindern in den Schulen Philadelphias, vom Kindergarten bis zum Collegeeintritt, fand man 3.042 Zwillinge; 36 Prozent der Zwillinge waren weiß, 64 Prozent schwarz. Bedauerlicherweise war es nicht möglich, durch Tests die eineiigen und zweieiigen Paare zu identifizieren (wohl wegen der damit verbundenen Kosten). Um diesem Handicap zu begegnen, mußte man zu einer recht komplizierten statistischen Operation greifen. Unter den Zwillingen gab es 1.028 Paare gleichen Geschlechts und 493 Paare entgegengesetzten Geschlechts. Diese letzteren sind zweieiig. Unter den Zwillingen mit gleichem Geschlecht muß es ebenfalls 493 zweieiige gegeben haben; der Rest war eineiig. Diese Gruppe war also gemischt und bestand aus nicht individuell identifizierbaren ein- und zweieiigen Zwillingen. Die Familien der Zwillinge wurden entsprechend ihrem sozioökonomischen Status klassifiziert: überdurchschnittlich, durchschnittlich und unterdurchschnittlich. Erwartungsgemäß waren die schwarzen Familien häufiger benachteiligt:

	Unter-	Durchschnitt	Über-
Schwarze	634	236	134
Weiße	114	106	340

Die Ergebnisse der Zwillinge bei Eignungs- und Schulleistungstests wurden statistisch ausgewertet. Bei Eignungstests (wo das amerikanische Mittel bei 50 liegt) fand man für die sozioökonomischen Klassen und die Rassen folgende Durchschnittswerte:

	Unter-	Durchschnitt	Über-
Schwarze	27,7	29,7	33,0
Weiße	34,8	43,4	50,9

Die Unterschiede zwischen den Ober- und Unterklasse-Kindern sind bei den Schwarzen viel geringer (5,3) als bei den Weißen (16,1). Noch bedeutsamer ist, daß sowohl bei Schwarzen wie bei Weißen die Varianz der Testergebnisse in den privilegierten Gruppen größer ist als in den benachteiligten. Ein größerer Anteil der Varianzen bei den relativ privilegierten gegenüber den unterprivilegierten sozioökonomischen Klassen ist auf genetische Ursachen zurückführbar. Genau dies hatte die Hypothese über die Interaktion von genetischen und Umweltfaktoren (s. o.) vorausgesagt! Scarr-Salapateks Schlußfolgerung verdient, zitiert zu werden:

»Aufgrund von Untersuchungen an weißen Mittelklasse-Populationen sind Wissenschaftler zu dem Ergebnis gelangt, daß genetische Variabilität für etwa 75 Prozent der Gesamtvarianz in IQ-Werten von Weißen verantwortlich ist. Eine genauere Betrachtung von Kindern, die unter unterschiedlichen Bedingungen aufwuchsen, lehrt, daß der Prozentsatz der genetischen Varianz sowie die durchschnittlichen Testwerte weithin eine Funktion der Aufzuchtbedingungen der Population sind. Ein erster Blick auf die schwarze Population legt die Vermutung nahe, daß genetische Variabilität von Bedeutung bei bevorzugten Gruppen ist, jedoch von weit geringerer Bedeutung bei den benachteiligten Gruppen. Da die meisten Schwarzen sozial benachteiligt sind, ist der Anteil an genetischer Varianz in den Eignungstestwerten von schwarzen Kindern beträchtlich niedriger als bei weißen Kindern, entsprechend der Prognose des Modells 1 [Determination durch Umwelt].«

Zur Evolutionsgenetik von Kasten und Klassen

Es wird manchmal die Frage gestellt: Wie definiert man »den Menschen«? Biologisch gesehen ist die Antwort einfach. Alle menschlichen Wesen sind Mitglieder einer einzigen Art *Homo sapiens.* Obwohl bestimmte pathologische Varianten weniger als menschlich zu sein scheinen, gehören auch sie zu unserer Art. Ihre Gene entstammen demselben Gen-Pool wie die jedes anderen Menschen. Die Bewohner der ganzen Erde haben Anteil am gemeinsamen Gen-Pool der Art. Vielleicht sind noch nie Mischlinge aus Eskimos oder Tungusen mit Hottentotten oder australischen Ureinwohnern erzeugt worden, doch gibt es eine ununterbrochene Kette von Kreuzungen der geographisch dazwischenliegenden Populationen. Sicherlich bedeutet dies nicht, daß die Menschheit eine einzige, einheitliche Zuchtpopulation ist, in der jedes Individuum gleiche Chancen hätte, sich mit jedem beliebigen Individuum von entgegengesetztem Geschlecht zu paaren. Die Population unserer Art ist in komplizierter Weise in eine Vielzahl untergeordneter Mendel-Populationen unterteilt. In jeder von diesen ist die Wahrscheinlichkeit der Heirat größer als die zwischen Populationen.

Geographische, nationale, sprachliche, religiöse, wirtschaftliche und sonstige Faktoren halten die Gen-Pools der untergeordneten Populationen in einem gewissen Maß, wenn auch wohl niemals gänzlich, getrennt. Mendel-Populationen innerhalb einer Art überlappen sich häufig, was sie keineswegs nicht-existent macht. Die Population von New York City kennt WASPs (weiße angelsächsische Protestanten – A.d.Ü.), Juden, Katholiken und Schwarze; Wohlhabende, relativ Gutsituierte, Arme und Elende; Gebildete und Ungebildete; englische, irische, italienische, griechische und andere ethnische Gruppen, die teilweise noch an ihrem kulturellen Hintergrund festhalten. Viele Individuen gehören gleichzeitig zweien oder mehreren dieser Kleinpopulationen oder »Isolate« an.

All diese Untergliederungen sind nicht nur sozialer und ökonomischer, sondern auch biologischer Art – ein Umstand, der denjenigen Sozialwissenschaftlern nicht genehm sein dürfte, die ihr Gebiet gern autonom gegenüber der Biologie sehen würden. Aber beim Menschen sind soziologische und biologische Faktoren fast immer miteinander verknüpft. Die sozialen Untergliederungen haben biologische Konsequenzen, weil sie die Wahl des Ehepartners beeinflusssen. Heiraten innerhalb der Kleinpopulation sind häufiger als Ehen zwischen den Populationen. Die untergeordneten Mendel-Populationen mögen in genetischer Hinsicht voneinander unterschieden sein und bleiben. Die Unterschiede sind aber fast immer eher quantitativer als qualitativer Art. Das heißt: Genvarianten, die bestimmte Merkmale –

von den Blutgruppen bis zur Intelligenz – kontrollieren, mögen art-weit verbreitet sein und trotzdem in einigen Kleinpopulationen häufiger anzutreffen sein als in anderen. Das ist keine bloß biologische Feinheit, sondern eine Tatsache von eminenter ethischer und politischer Bedeutung. Jeder Mensch muß gemäß seinen individuellen Qualitäten beurteilt werden, ohne Rücksicht auf die Kleinpopulation, aus der seine Gene stammen.

Alle menschlichen Gesellschaften, selbst die angeblich »klassenlosen« (z. B. die kommunistischen Gesellschaften nach sowjetischem Typ), sind in Klassen geschichtet. Menschen einer Klasse haben Lebenschancen gemeinsam, die dadurch determiniert sind, daß diese Menschen in der Lage sind, über Güter und Fertigkeiten zu Erwerbszwecken zu verfügen (Lipset, 1968). Klassen sind nicht nur sozioökonomische Gruppen, sondern auch Zuchtpopulationen, die von anderen Populationen mehr oder minder stark getrennt sind. Daher ist die Frage legitim, ob ihre Gen-Pools sich unterscheiden, und wenn ja, in welchem Ausmaß (Eckland, 1967; Gottesman, 1968 b). Die Frage läßt sich umkehren: In welchem Ausmaß – wenn überhaupt – ist das sozioökonomische Niveau eine Funktion der genetischen Konstitution?

Mitglieder von privilegierten Klassen sind gern der Meinung, jeder gehöre zu der sozioökonomischen Klasse, für die ihn seine Gene qualifizieren. Die Armen leben kümmerlich: wenn sie nicht selber daran schuld sind, dann liegt es an ihrer genetischen Minderwertigkeit. Die Reichen und die Mächtigen verdienen ihren Überfluß, weil ihre Gene sie dazu berechtigen. Derartige Ansichten sind eine Schändlichkeit – nicht nur für die Unterprivilegierten, sondern auch für manche wohlhabende Liberale. Sie gehen in ihrem Protest freilich oft zu weit und schaden ihrer Sache, indem sie die unhaltbare Extremposition vertreten, die genetische Grundlage der Menschheit sei überall einheitlich und brauche daher nicht weiter berücksichtigt zu werden. Der Artikel von Fried (1968) ist ein Musterbeispiel hierfür, verfaßt von einem Anthropologen. Das Problem läßt sich jedoch auch in einer emotional weniger belasteten Weise angehen.

Sowohl als soziale Gruppen wie als Populationen variieren sozioökonomische Klassen im Grad ihrer Abgeschlossenheit gegeneinander. Am einen Ende der Skala stehen die Kastengesellschaften, am andern die Gesellschaften mit offenen Klassen. Kasten gab es – und gibt es in gewissem Umfang immer noch – nicht nur in Indien, sondern in vielen traditionellen Gesellschaften, selbst im feudalen und im kapitalistischen Europa und in geringerem Maße in den Vereinigten Staaten. Man gehört zu der Kaste, in der man geboren wurde, und heiratet jemanden aus derselben Kaste. Kasten nehmen, was Selbsteinschätzung und Meinung anderer betrifft, hochwertige und minderwertige Positionen ein. Eine Dame der »guten Gesellschaft« placiert sich automatisch über dem »Pöbel«, der damit zu einer weiteren und zahlenmäßig größeren Kaste wird. Diese Dame gerät außer sich bei dem Gedanken, ihre Tochter oder ihr Sohn könne einen Menschen heiraten, der nicht zur »Gesellschaft« gehört, doch ist sie ein wenig nachsichtiger gegenüber ehelichen Seitensprüngen und sogar gegenüber unehelichen Kindern. Letztere sind in genetischer Hinsicht nicht unwichtig. Keine Kaste, selbst nicht im alten Indien, war genetisch vollständig abgekapselt.

Gesellschaften mit offenen Klassen gestatten, oder fördern sogar, die soziale Mobilität von Klasse zu Klasse. Die Menschen steigen in Klassen auf oder werden in sie kooptiert, für die sie aufgrund ihrer Fähigkeiten und Leistungen qualifiziert sind. Das ist das Prinzip der Meritokratie. Die Klasse ist nicht durch die Geburt, sondern durch persönliche Qualitäten bestimmt. Die bestehenden Gesellschaften bilden in dieser Hinsicht auch ein Spektrum, das sich von – zumindest theoretisch – unzugänglichen Kasten über mehr oder minder rigide abgeschlossene Klassen bis zu fortschreitend meritokratischen, offenen Klassen erstreckt. In ein und derselben Gesellschaft sind u. U. verschiedene Grade der Abgeschlossenheit anzutreffen. Die Schwarzen in den Vereinigten Staaten können wir, für die Zwecke der vorliegenden Diskussion, eher als Kaste denn als Rasse behandeln. Genaustausch zwischen der schwarzen und der weißen Kaste fand, bis in die jüngste Zeit hinein, praktisch ausschließlich in einer Richtung statt: von Weiß zu Schwarz, und zwar auf dem Wege außerehelicher Verbindungen. Die schwarze wie die weiße Kaste bergen eine Vielzahl sozioökonomischer Klassen, zwischen denen soziale Mobilität und Genaustausch als akzeptabel gelten.

Wir haben gesehen, daß individuelle Variabilität innerhalb von Klassen und Kasten sowohl genetisch wie auch umweltlich bedingt ist. Dies gilt für den IQ ebenso wie für Schuleignung und -leistung. Die genetische Komponente scheint in relativ reicheren sozioökonomischen Gruppen ausgeprägter zu sein als bei unterprivilegierten. Man muß sich vergegenwärtigen, daß der IQ kein von einem einzigen Gen determiniertes, einheitliches Merkmal ist, sondern sich aus zahlreichen genetischen Komponenten zusammensetzt. Der IQ ist sicherlich nicht das einzige genetisch bedingte Merkmal. Weniger detaillierte, aber immer noch genügend fundierte Erkenntnisse lassen vermuten, daß viele Charaktereigenschaften und besondere Begabungen – von der Mathematik bis zur Musik – in ihrer Variabilität genetische Komponenten aufweisen. Es ist keine Übertreibung, wenn wir feststellen, daß sich bei der genetischen Untersuchung eines variablen menschlichen Merkmals, bis hin zu so abgelegenen wie den Rauchgewohnheiten, noch stets Hinweise auf eine genetische Bedingtheit ergeben haben.

Es ist äußerst unwahrscheinlich, daß in meritokratischen Gesellschaften die Verbreitung aller genetisch bedingten Verhaltensmerkmale über die gesamte Skala von sozioökonomischen Klassen einheitlich bleiben könnte. Hier bedarf es einer Erläuterung, um ein häufig auftretendes Mißverständnis abzuwehren. Die Aussage, daß Gene für Merkmale wie höheren oder niedrigeren IQ, Weitsichtigkeit oder Musikalität in einer Klasse oder

Kaste *A* verbreiteter sind als in *B*, bedeutet nicht, daß sämtliche *A*-Personen und kein einziges *B*-Individuum diese Gene besitzen. Ich wiederhole, daß es nicht um Alles-oder-nichts-Unterschiede geht, sondern nur um Unterschiede in der Genhäufigkeit, und daß deshalb die Potentiale eines Menschen von seinem eigenen Erbgut, nicht aber von seiner Klassen- oder Rassenzugehörigkeit determiniert werden.

In den westlichen Gesellschaften geht seit mehreren Jahrhunderten der Trend von geschlossenen, kastenartigen, zu offenen meritokratischen Gesellschaften. Als die westliche Zivilisation weltweiten Einfluß erlangte, wurde dieser Trend universal. Es herrscht eine zunehmend freie soziale Mobilität. In einer Meritokratie zählen Schuleignung und -leistung zu den obersten Determinanten der sozialen Mobilität. Schulen und Universitäten sind die vornehmsten Leitern zum sozioökonomischen Aufstieg. Insofern Leistung genetisch bedingt ist, ist soziale Mobilität ebensosehr ein genetischer wie ein sozioökonomischer Prozeß. Wie Eckland (1967) sagt: »... begabte Erwachsene steigen zur Spitze der sozialen Hierarchie auf, während die Dummen absinken oder am Fuß der Hierarchie bleiben. Da nun das System volle Chancengleichheit erstrebt, nimmt die beobachtete, klassen-interne Varianz unter den Kindern tendenziell ab, während die klassen-externe Varianz bei jenen selektiven Merkmalen tendenziell zunimmt, die mit genetischen Unterschieden zusammenhängen.«

Chancengleichheit ist ein Ideal, dem man sich graduell verschieden annähert, das aber noch nirgend voll erreicht ist. Das erhöht die Bedeutung des Arguments, daß sich sozioökonomische Klassen zwar – vielleicht oder wirklich – im statistischen Durchschnitt bestimmter Merkmale unterscheiden, daß aber die Unterschiede zwischen einzelnen Mitgliedern bei weitem die Unterschiede zwischen Klassendurchschnitten übertreffen. Um noch einmal Eckland zu zitieren:

»... die genetische Variabilität verbürgt ein relativ stattliches Reservoir an aufgeweckten Unterschicht-Kindern, was in utilitaristischer und ideologischer Hinsicht schon ein ausreichender Grund für eine Sozialpolitik ist, die die Bedeutung dieser Überlappung hervorhebt. Mehr noch, wenn ganze Gruppen von Kindern aus diesem Milieu systematisch um gewisse Entwicklungschancen gebracht werden, ... dann ist dieses Reservoir größer, als es sonst, rein auf der Basis von Heritabilitätskoeffizienten, schätzungsweise wäre.«

Manche Leute mag die Erkenntnis verdrießen, daß wachsende Chancengleichheit die genetischen Unterschiede zwischen sozioökonomischen Klassen vertieft und nicht reduziert. Wie wir jedoch sehen werden, würden die Klassen, wie wir sie heute kennen, bei völliger oder fast völliger Gleichheit nicht mehr existieren.

Sinn der Gleichheit, Unsinn der Ungleichheit

Die Gleichheit des Menschen ist ein ethisches Gebot, keine biologische Erscheinung. Eine Gesellschaft kann sie ihren Mitgliedern gewähren oder vorenthalten. Ob Ethik aus wissenschaftlicher Erkenntnis ableitbar ist oder nicht, soll uns hier nicht kümmern; doch ist es legitim und sogar notwendig, die wahrscheinlichen Konsequenzen zu prüfen, die sich aus dem Befolgen oder Verwerfen einer Ethik ergeben. Es gab und gibt schreiende Ungerechtigkeiten in einigen Gesellschaften, verschiedene Ansätze zur Verwirklichung der Gleichheit in anderen. Gegensätze dieser Art sind mitunter in ein und derselben Gesellschaft anzutreffen: kastenähnliche Segregation und Verweigerung der Gleichheit für die Schwarzen vertrug sich in den Vereinigten Staaten bis in die jüngste Zeit hinein mit einer relativ ungehinderten sozialen Mobilität unter den Weißen.

Man kann vielleicht unterscheiden zwischen Chancengleichheit und Statusgleichheit. »Während Statusgleichheit damit zu tun hat, wie in einer Gesellschaft Macht, Privilegien und Prestige verteilt sind, bezieht sich Chancengleichheit auf den Prozeß der Statuszuschreibung oder, anders ausgedrückt, auf die Kriterien, nach denen Menschen zum Ausfüllen diverser Rollen in der Gesellschaft selegiert werden« (Eckland, 1972). Obwohl Chancengleichheit und Statusgleichheit für gewöhnlich gemeinsam realisiert werden, können sie auch divergieren. Rußland ist hierfür ein hervorragendes Beispiel. Die Revolution hat dort Chancengleichheit gefördert (ohne sie freilich irgendwo perfekt zu machen); Statusungleichheiten in der UdSSR dagegen wurden, wenn überhaupt, durch das totalitäre, bürokratische Regime eher noch verstärkt.

Ein Kastensystem hat Status- wie auch Chancenungleichheit zur Folge. Ferner hat es berufliche Spezialisierung zur Folge. Jede der zahllosen Kasten und Unterkasten im klassischen Indien hatte ein Amt, ein Gewerbe oder eine Tätigkeit, die von jeher nur ihr vorbehalten waren. Die Probleme der Ausbildung und der Statuszuschreibung waren damit vereinfacht – jedermann wußte von kleinauf, womit er einst seinen Lebensunterhalt verdienen würde und für welche Art von Beruf oder Dienst er sich ausbilden mußte. Selbstverständlich gehörte man der Kaste seiner Eltern an und hatte jemanden aus derselben zu heiraten. Man konnte zu keiner anderen Kaste auf- oder absteigen, unabhängig von eigener Leistung, Fehlschlägen, Talent oder Unfähigkeit. Mit dem Status der oberen Kaste gingen automatisch Respekt und Privilegien einher; niedere Kasten und »Unberührbare« waren schweren Demütigungen unterworfen.

Das System war, von unserem modernen Standpunkt aus, von einer empörenden Ungerechtigkeit, beruhte aber auf einer plausibel klingenden Überlegung. Bose (1951), selber kein Verfechter des Kastengedankens, schrieb dazu: »Die sorgfältige Art und Weise, in der man die Tradition der engen Entsprechung von Kaste und Beruf etablierte, läßt klar erkennen, was den Führern der Hindugesellschaft vorschwebte. Sie glaubten an die erbliche Übertragbarkeit des Charakters und hielten es für das beste, Beruf und Lebensstatus eines Menschen mittels der Familie, in die er hineingeboren wurde, zu fixieren.« Derselbe Grund wird von Rassisten in den Vereinigten Staaten und anderswo dafür genannt, der schwarzen Kaste die Gleichheit zu verweigern. Hier eine Kostprobe aus Putnams (1967) bestechender Überlegung: »Das Verhältnis bezüglich Beschäftigung und Wohlfahrt, das in den Südstaaten generationenlang zwischen weißen und Negerfamilien bestand, war nahezu ideal, weil es von der Realität ausging! Die weiße Familie übernahm eine lebenslange Verantwortung für die Negerfamilie, und diese dankte es ihr durch treue Dienste.« Dieser idyllische Zustand (idyllisch für Putnam und seinesgleichen) beruhte auf der Annahme, daß die Schwarzen genetisch zu keiner anderen Arbeit als der des Dienstboten fähig sind. Es ist der entscheidende Fehler aller Kastensysteme, daß sie – explizit oder implizit – auf derartigen Annahmen beruhen.

Das Kastensystem in Indien war das grandioseste genetische Experiment, das je am Menschen vorgenommen wurde. Die Gesellschaftsstruktur versuchte mehr als zwei Jahrtausende lang die Induzierung dessen, was wir heute genetische Spezialisation der Kastenpopulationen zur Bewältigung verschiedenartiger Tätigkeiten und Funktionen nennen würden. Eine derartige Spezialisation ist nicht erreicht worden. Unsere Kenntnisse reichen zwar noch nicht aus, um die Möglichkeit auszuschließen, daß zwischen den Kastenpopulationen gewisse Durchschnittsdifferenzen bestehen. Aber so viel ist sicher: Obwohl Indien noch einen weiten Weg bis zur Abschaffung von Status- und Chancenungleichheiten vor sich hat, haben alle Kasten Menschen hervorgebracht, die für eine nicht-traditionelle Erziehung und Ausbildung und für nicht-traditionelle Berufe in hohem Maße geeignet waren. Genetische Experimente von geringerer Tragweite waren revolutionäre Umstürze nebst Beseitigung der alten Eliten, die entweder physisch vernichtet oder zur Emigration in fremde Länder gezwungen wurden. Man machte großzügig Prognosen, daß solche intellektuellen Enthauptungen zu einer Knappheit an Talenten und Begabungen führen würden. Der Testfall Rußland hat diese Prognose widerlegt; Talente aus den einstigen Unterklassen, die keine Möglichkeit hatten, sich zu bewähren, haben zum Entstehen einer neuen Intelligenz geführt, die der alten in keiner Weise nachsteht. Ein noch drastischerer Test in China steht vor dem Abschluß.

Das Versagen von Kastensystemen ist, im Lichte der Genetik besehen, verständlich. Menschliche Populationen verfügen – wie die Populationen der meisten sexuellen und sich kreuzenden Arten – über enorme Mengen der verschiedensten Arten genetischer Variabilität. Selbst mit Hilfe einer spezifisch auf dieses Ziel gerichteten künstlichen Selektion ist es praktisch unmöglich, eine Population zu erhalten, die für alle ihre Gene vollständig homozygot ist. Nahe Inzucht, wie etwa Bruder-Schwester-Paarung über viele Generationen, resultiert mit größerer Wahrscheinlichkeit in genetischer Einheitlichkeit, doch ist nur schwer zu kontrollieren, welches Erbgut dabei nun wirklich fixiert wird. Auf jeden Fall sind in der menschlichen Art weder strenge künstliche Selektion noch nahe Inzucht jemals systematisch betrieben worden, und in unmittelbarer Zukunft besteht auch keine Aussicht hierauf. Wir leben zum Glück nicht in Huxleys *Brave New World*. Alle menschlichen Populationen, selbst die relativ ingezüchteten, bewahren sich weite Spielräume an genetischer Varianz.

Der Gen-Pool einer jeden Kaste bringt Erbanlagen hervor, deren Träger sich in Berufen bewähren und sogar auszeichnen könnten, die herkömmlicherweise anderen Kasten vorbehalten sind. Nehmen wir einmal um des Arguments willen an, eine Kastenpopulation sei zu einem bestimmten Zeitpunkt für eine bestimmte Aufgabe genetisch besser gerüstet als andere Kasten. Es gab ja Kasten von Priestern, Gelehrten, Kriegern, Handeltreibenden usw. Könnte die jeweilige Anpassung nun über viele Generationen hin anders aufrechterhalten werden als durch systematische Einübung der Jugend in die Tradition ihrer Familie und ihrer Vorfahren? Genetisch bedingte Anpassung wird sich aus wenigstens zwei Gründen allmählich verlieren. Erstens wird ungeeigneter Nachwuchs genötigt, trotz seiner genetischen Unfähigkeit die Berufsbahn der Eltern einzuschlagen. Und zweitens: was immer die natürliche Selektion bei der Bildung des Kasten-Gen-Pools bewirkt haben mag, es wird wahrscheinlich modifiziert, rückgängig gemacht und womöglich gar umgekehrt werden.

Die Vergeudung von Begabungsreserven ist in der Tat das entscheidende Manko aller Kasten- und rigiden Klassensysteme. Wird soziale Mobilität nicht gestattet oder ernsthaft behindert, so werden Personen, die aufgrund ihrer Fähigkeiten für einen gegebenen Beruf qualifiziert wären, nicht zugelassen, während Unqualifizierte mitgeschleppt werden. In dem Maße, in dem sich die Klassenstruktur öffnet, nehmen die Beschneidungen der sozialen Mobilität ab, und es dominiert das Prinzip der Meritokratie. Status und Rolle in der Gesellschaft werden erworben, nicht von den Eltern ererbt. Es mag auf den ersten Blick überraschen, daß, wenn die soziale Vererbung von Rolle und Status an Einfluß verliert, die Bedeutung der biologischen Vererbung zunimmt. Dies ist eine Folge der genetischen Bedingtheit jener menschlichen Eigenschaften, die in Gesellschaften mit offenen Klassen die soziale Mobilität determinieren.

In einer Meritokratie ist die sozioökonomische Lage eines Menschen eher eine Funktion seiner Fähigkeiten und Leistungen als ausschließlich – oder doch auch – eine Funktion ererbten (oder nicht ererbten) Reichtums. Bildungseinrichtungen werden zu Kanälen der sozialen Mobilität. Schulerfolg ist eine Funktion der Eignung sowie der Bereitschaft, diese zu nützen, und Eignung ist zum Teil genetisch bedingt. Da Art der Ausbildung und sozioökonomische Position stark korrelieren, sind Status und materielle Vergütung ebenfalls indirekt genetisch bedingt.

Herrnstein (1971) sagt es unmißverständlich: »Zusätzlich zu allem andern zahlt sich ein hoher IQ auch in Geld aus.« Und er schlägt folgende Faustregel vor: »Wenn Unterschiede in den geistigen Fähigkeiten ererbt sind; wenn Erfolg diese Fähigkeiten erfordert; und wenn Einkommen und Prestige vom Erfolg abhängen: dann basiert die Stellung in der Gesellschaft (die Verdienst und Prestige widerspiegelt) zu einem gewissen Maße auf ererbten Unterschieden zwischen den Menschen.«

Sind wir nun, auf Umwegen, doch wieder zu dem für Rassen- und Klassenfanatiker so wesentlichen Ergebnis gekommen, daß die Mächtigen und die Schwachen, die Eliten und die Ausgestoßenen dort stehen, wohin ihre Gene sie gestellt haben? Das wäre eine irreführende Vereinfachung. Man muß zunächst einmal zwei Teile des Problems unterscheiden: den von einer erwachsenen Person oder einer Personengruppe erreichten sozialen Status – und die Wahl der Berufslaufbahn und der Statuszuschreibung bei deren Nachkommenschaft. Mit Ausnahme von besonders rigiden Kastengesellschaften haben die erwachsenen Mitglieder einer Gesellschaft immer die eine oder andere Art von sozialem Selektionsprozeß durchgemacht. Ihr Beruf, ihr Prestige und ihr Rang auf der sozialen Leiter spiegeln zumindest in einem gewissen Ausmaß ihre Fähigkeiten wider, wie diese durch ihre Umweltchancen oder ihre Gene bedingt sind – was von beiden, spielt für diese Argumentation keine Rolle. Die nächste Frage, die sich nun logischerweise stellt, lautet: In welchem Umfang spiegelt die soziale Position der Nachkommenschaft die Fähigkeiten der elterlichen oder der Filialgeneration wider? Die Konventionen vieler Gesellschaften ermutigen, ja zwingen die Kinder oft dazu, in die Fußstapfen ihrer Eltern zu treten. Aus emotionalen Impulsen heraus sind die Eltern bemüht, ihren Kindern den Zugang zu Berufen und Karrieren zu erleichtern, die sie für erstrebenswert oder angemessen halten. In dem Maße, in dem sich derlei Konventionen und Impulse behaupten, wird der Selektionsprozeß vereitelt. Das kann sogar bei scheinbar ganz fairen Wettbewerben geschehen, wie etwa bei Auslesetests und Zulassungsprüfungen für bestimmte Schulen. In welchem Umfang gehen Erfolg oder Versagen auf die Fähigkeiten der Prüflinge an sich zurück oder auf die Vorteile und Handicaps ihrer häuslichen Umwelt und ihrer Erziehung? Das ist vielleicht nicht von besonderem Interesse für die Selektoren, falls der Zweck des Selektionsprozesses darin besteht, eine Gruppe von Personen zu erhalten, die von einer bestimmten Ausbildung am meisten zu profitieren vermag. Für die Selegierten dagegen und für die Gesellschaft als ganzes ist das nicht so; denn viele hoch befähigte Individuen werden so vom Zugang zur Ausbildung und von Karrieren ausgeschlossen, in denen sie sich hervortun könnten.

An dieser Stelle sollte man sich einer Grundtatsache der Genetik erinnern, die nur allzu oft übersehen wird. Die physische und mentale Konstitution eines Menschen ist ein sich herausbildendes Produkt, nicht bloß eine Summe von unabhängigen Wirkungen seiner Gene. Gene interagieren miteinander wie auch mit der Umwelt. Ein Gen B mag eine wünschenswerte Qualität in Verbindung mit einem anderen Gen A_1 steigern, aber keinerlei Wirkungen oder nur unvorteilhafte mit einem Gen A_2 zeigen. Solche nichtadditiven (epistatischen) Wirkungen können bedeutsame Determinanten von Intelligenz, Persönlichkeit, besonderen Begabungen und sonstigen mentalen Merkmalen sein. Aus diesem Grunde, wie auch aufgrund der Regression zum Mittelwert, ist es keineswegs selten, daß talentierte Eltern mittelmäßige Sprößlinge hervorbringen und umgekehrt.

Nehmen wir, wieder um des Arguments willen, an, zu einer bestimmten Zeit in der Geschichte werden vier Kasten oder rigide sozioökonomische Klassen gebildet, die sich anfänglich zusammensetzen aus Personen von erwiesenermaßen überragendem Intellekt (Gelehrte), kultivierter ästhetischer Urteilskraft (Künstler), körperlicher Beherztheit oder Tapferkeit (Krieger) sowie aus luxusliebenden sozialen Parasiten. Nehmen wir ferner an, diese Qualitäten gehen auf Schulung und günstige Umstände ebenso wie auf genetische Bedingtheit zurück. Werden sich dann unsere vier Kasten von Generation zu Generation perpetuieren, ohne daß sich ihre jeweiligen Eigenschaften ändern? Das ist aus mehreren Gründen zu bezweifeln. Es ist höchst unwahrscheinlich, daß jedermann in der ursprünglichen (Gründer-) Population jeder Kaste dieselben Gene trug, und noch unwahrscheinlicher, daß alle für diese Gene homozygot waren. Ein und dieselbe Leistung auf einem gegebenen Gebiet kann auf verschiedene Erbanlagen zurückgehen. Die genetische (Mendel-) Segregation wird daher von Generation zu Generation eine immer größere Vielfalt von Erbanlagen erzeugen, von denen viele den Erbanlagen der Gründer nicht gleich, ja nicht einmal ähnlich sind. Nehmen wir dazu die Unwahrscheinlichkeit der absoluten Endogamie in jeder menschlichen Population. Ein Rinnsal, ja womöglich ein Strom fremder Gene wird allmählich aber unaufhaltsam den ursprünglichen Gen-Pool der Gründer verwässern. Aus diesen Gründen entstehen überall im sozialen Gefüge die verschiedensten Arten von Talent, hervorragender Begabung, ja Genie. Sie treten auf allen sozioökonomischen Ebenen auf, selbst wenn sie, statistisch gesehen, an bestimmten Stellen mit größerer Wahrscheinlichkeit anzutreffen sein mögen als an anderen. Aber ein menschliches Wesen ist eine einmalige und unwiederholbare Person, keine Statistik; es hat Anspruch darauf, nach seinen eigenen Verdiensten beurteilt zu werden, nicht nach dem Wert oder Unwert seiner Verwandten.

Die meisten Diskussionen über genetische Aspekte der sozialen Schichtung setzen stillschweigend die Wertsysteme und politischen Ordnungen der modernen, quasidemokratischen und meritokratischen Gesellschaften voraus. Es ist ein strittiger Punkt, ob die gleiche Art von Intelligenz, die in diesen Gesellschaften zur sozialen Bevorzugung führt, dies auch anderswo täte. Das moderne China scheint entschlossen zu sein, Eliten nicht zu suchen, sondern abzuschaffen, und alle sozioökonomischen Diskrepanzen radikal einzuebnen (Singer und Galston, 1972). Falls dem so ist, dann sind heute bei etwa einem Viertel der Menschheit entweder Unterwürfigkeit und Gefügigkeit oder aber äußerste Selbstlosigkeit und ameisenhafte Hingabe an die Interessen der Gesellschaft als ganzer die zum Überleben erforderlichen Eigenschaften. Es ist ratsam, ein Urteil darüber aufzuschieben, ob sich das chinesische System gegenüber dem unseren als besser oder als schlechter erweist.

In Gesellschaften mit offenen Klassen – vom kapitalistischen wie vom sowjetkommunistischen Typ – steht eine begrenzte Zahl freier Stellen in den oberen und mittleren Ebenen der sozialen Pyramide einer viel größeren Zahl von Bewerbern gegenüber. Es kommt zu einer mörderischen Konkurrenz um diese Stellen. Man fragt sich, ob die Sieger in dieser Konkurrenz auch wirklich menschlich die besten sind. Kasten- und rigide Klassengesellschaften trieben eine unverzeihliche Verschwendung mit genetischer Begabung und Fähigkeit, wann immer diese in den unteren Bereichen der Gesellschaft zum Vorschein kamen. Man muß aber zugeben, daß diese Gesellschaften wenigstens die widerwärtigen Aspekte der Konkurrenz mäßigten. Es läßt sich einiges zugunsten des altmodischen Aristokraten vorbringen, der es sich leisten konnte, gütig und großherzig zu sein, weil er wußte, daß sein Status unangefochten war.

Noch eine weitere stillschweigende Annahme sollte aufgedeckt werden. Die Bewertung schulischer Eignung und Leistung geht normalerweise wie selbstverständlich von dem in einem Land etablierten Bildungssystem aus. Wer Erfolg hat, wird als »besser« eingestuft, wer versagt, als »schlechter«. Könnte es aber nicht sein, daß der Fehler – wenigstens teilweise – dem Bildungssystem anzulasten ist und nicht denjenigen, die die Prüfungen nicht befriedigend bestehen? Es ist speziell unter Tier- und Pflanzenzüchtern wohlbekannt, daß Träger unterschiedlicher genetischer Konstitutionen sehr positiv auf unterschiedliche Umwelten ansprechen. Dies gilt wahrscheinlich in erhöhtem Maße von menschlichen Erbanlagen. Im Idealfall müßte jedes

Kind die Umwelt erhalten, die der Entwicklung gerade seiner besonderen Fähigkeiten am dienlichsten ist. Heber (1968) weist nach, daß man, um den Preis angestrengter Bemühungen, spektakuläre Verbesserungen in der manifestierten Fähigkeit sicherstellen kann. Inwieweit sich das Ideal freilich in die Praxis umsetzen läßt, ist eine andere Frage. Bestimmte Fähigkeiten mag man in einer gegebenen Gesellschaft gegenüber anderen als wichtiger beurteilen. Gleichwohl gilt es zu erkennen, daß die Fähigkeiten vieler Menschen ernsthaft verkannt werden, wenn jeder durch die gleiche Bildungsmaschine gedreht wird.

Genetische Auswirkungen einer völligen menschlichen Gleichheit

Vor einem Jahrzehnt (Dobzhansky, 1962) versuchte ich, mir die genetischen Vorgänge in einer Gesellschaft mit völliger Chancengleichheit für alle ihre Mitglieder vorzustellen. Mir war klar, daß dies an Utopie grenzte; doch ist in den letzten Jahren »Futurologie« eine Art Mode unter vielen Sozial- wie auch Naturwissenschaftlern geworden. Die Sache verdient jedenfalls eine genauere Betrachtung.

Ein Modell vollständiger Gleichheit der Chancen und der sozialen Mobilität – womit manche Soziologen liebäugeln – ist von Eckland (1967) mit Recht kritisiert worden. Das Modell nimmt implizit an, daß die menschliche Begabung ausschließlich umweltlich determiniert und aufs Geratewohl unter allen sozioökonomischen Schichten verteilt ist. Völlige Gleichheit würde dann heißen, daß identische Anteile von Kindern, die aus verschiedenen Schichten stammen, jeden gegebenen Beruf ergreifen und jede gegebene Einkommenshöhe erreichen müssen. Eckland weist darauf hin, daß wir mit diesem Modell »die unrealistische

Vorstellung akzeptieren müßten, daß es, biologisch gesehen, zwischen einem Kind und seinen Eltern keine größere Ähnlichkeit gibt als zwischen einem Kind und einem völlig Fremden.«

Tatsächlich unterscheiden sich die Menschen in ihrer Fähigkeit, sich ihnen bietende Chancen zu nutzen, und die Fähigkeit ist teilweise genetisch bedingt. Es ist wohl kaum zu leugnen, daß in westlichen postindustriellen, quasidemokratischen und meritokratischen Gesellschaften IQ-Werte eine ziemlich genaue Prognose nicht nur der schulischen, sondern auch der beruflichen Leistung und ferner – wenn auch erst in zweiter Linie – der Einkommenshöhe und des sozialen Status erlauben. Freie Mobilität und völlige Gleichheit würde dann eine vollständige Entsprechung von Intelligenz, Beruf und Status in einer gegebenen Gesellschaft bedeuten. Scarr-Salapatek (1971 a) beschreibt das hieraus resultierende Paradox wie folgt: »Je größer die umweltliche Gleichheit, desto größer die erblichen Unterschiede zwischen Ebenen der Gesellschaftsstruktur. Die egalitäre These führt zweifellos in einer Weise zu ihrer Antithese, wie es sich Karl Marx niemals vorgestellt hat.« Liberale, Progressive und Egalitäre strebten die Abschaffung von Klassenprivilegien und die Chancengleichheit an. Das Ergebnis scheint, in kapitalistischen wie in sozialistischen Gesellschaften, die Bildung von genetisch fixierten Klassen zu sein. Eckland (1971) meint: »In einer völlig offenen Gesellschaft mit voller Chancengleichheit ist die zukünftige Stellung eines Kindes in der Gesellschaft vielleicht ebenso genau aus dem Status seiner biologischen Eltern vorauszusagen wie in einer Kastengesellschaft; mit dem wesentlichen Unterschied zwischen beiden, daß in einer vollständig offenen Gesellschaft die kausalen Verbindungen zwischen den Generationen charakterspezifische oder polygene Merkmale wie Intelligenz in sich bergen würden, während diese Verbindungen in einem Kastensystem auf Blutsverwandtschaft oder der Kultur beruhen.«

Dieses soziogenetische Modell ist eine starke Vereinfachung. Es ist nicht zu bestreiten, daß hochgradige Fähigkeiten (seien sie nun genetisch oder umweltlich bedingt) in einer Meritokratie dazu tendieren, sich in denjenigen Positionen zu konzentrieren, die größeres Einkommen und größeres Prestige mit sich bringen. Man muß jedoch unbedingt im Auge behalten, daß menschliche Fähigkeiten nicht nur quantitativ, sondern auch qualitativ verschieden sind. Menschen zeichnen sich in künstlerischen, intellektuellen, bürokratischen, politischen, sportlichen, wirtschaftlichen und vielen anderen Tätigkeiten und Berufen aus. Es wäre töricht, diese verschiedenartigen Beschäftigungen in irgendeiner Weise nach ihrer Verdienstlichkeit ordnen zu wollen. Wer in der Kunst aufgeht und ihr sein Leben widmet, ist vielleicht an Sport uninteressiert und umgekehrt. Doch kann man in jeder dieser (und anderer) Betätigungen gleichen Verdienst und Ruhm erlanden. Dem widerspricht nicht eine statistische Voraussagbarkeit des beruflichen und finanziellen Erfolges anhand von Messungen der schulischen Eignung und Leistung. Es versteht sich nicht von selbst, daß ein verhältnismäßig niedriger IQ (der freilich nicht bis zum Niveau schwerer geistiger Zurückgebliebenheit sinken darf) ein ernsthaftes Handicap für – beispielsweise – hervorragende Baseball- oder Boxkarrieren ist.

Die Konzentration von Verhaltensgenetikern auf IQ-Untersuchungen ist begründet, weil der IQ, bei allen sonstigen Mängeln, meßbar ist. Sie ist jedoch dazu angetan, die Tatsache zu verdecken, daß noch andere, und vielleicht ebenfalls erbliche, Eigenschaften und Fähigkeiten eine bedeutsame Rolle bei der Berufswahl und beim beruflichen Erfolg spielen. Wie steht es mit Ausdauer, Arbeitseifer, Originalität, Kreativität, Führungseigenschaften, Verträglichkeit, mit dem schlichten menschlichen Anstand? Die über die genetische Bedingtheit dieser Fähigkeiten verfügbare Information ist zwar bruchstückhaft und nicht schlüssig; aber sie legt doch die Vermutung nahe, daß jene Fähigkeiten möglicherweise im Erbgut gründen. Ein und dasselbe sozioökonomische Niveau läßt sich in einer Meritokratie durch tüchtige oder hervorragende Leistungen auf ganz verschiedenen

Gebieten erreichen, vorausgesetzt, diese sind in der Gesellschaft als nützlich anerkannt. Ein mathematisches Genie kann es zu Ruhm, hohem Status und einem vertretbar hohen Einkommen bringen, wenn es Universitäten und Fachhochschulen gibt; nicht dagegen in einer Stammesgemeinschaft von Jägern und Sammlern. In einer solchen steht vielleicht die Fähigkeit hoch im Ansehen, sich in Trance oder einen hypnotischen Zustand versetzen zu können (ob diese Fähigkeit genetisch bedingt ist, ist eine andere Frage). Status und Einkommen korrelieren nicht absolut miteinander. Obwohl die meisten Leute gerne einen hohen Status und ein hohes Einkommen haben, zieht es manche stärker zu jenem, manche zu diesem. Beispiele hierfür wären der Geistliche (relativ hoher Status) und der Leichenbestatter (relativ hohes Einkommen).

Die Chancengleichheit hat demnach zwei Aspekte. Zunächst einmal hat jedermann Anspruch auf Zugang zur gesamten Skala von Status- und Einkommensniveaus, unabhängig vom Status und Einkommen seiner Eltern oder Verwandten. »Zugang« bedeutet, daß es jedermann freisteht, eine beliebige Position in der Gesellschaft anzustreben und sich dem Wettbewerb zu stellen oder nicht zu stellen; es bedeutet offenbar nicht, daß die ersehnte Stellung auch wirklich immer erreicht wird. Dies hängt vom Maß der Qualifikation für jene Stellung ab. Das Falsche an Kasten- und rigiden Klassengesellschaften ist, daß sie Menschen willkürlich vom Zugang zu zahlreichen Positionen ausschließen.

Die zweite und weniger augenfällige Bedingung für Chancengleichheit ist die Einsicht, daß verschiedenartige Menschen mit verschiedenartigen Erbanlagen auch verschiedenartiger Umwelten zu ihrer Selbstverwirklichung bedürfen. Ein potentieller Musikvirtuose wird um die Chance gebracht, seine Kräfte zu entfalten, wenn er am Besuch eines Konservatoriums gehindert und stattdessen gezwungen wird, dieselbe Ausbildung wie etwa ein zukünftiger Ingenieur zu absolvieren. Die ideale Gleichheit würde das Angebot einer Vielfalt unterschiedlicher Bildungswege in sich schließen, die jeder entsprechend seinen Vorlieben und Fähigkeiten wählt oder die man ihm empfiehlt. In der Praxis wirft dies eine Unmenge schwerer soziologischer und ethischer Probleme auf. Ist es unvermeidlich, daß einige Kinder und Jugendliche als Anwärter für Berufe und Positionen selegiert werden, die aus vielen Gründen als erstrebenswert gelten, während man andere für »nicht spezifisch talentiert« erklärt? Hieraus kann leicht eine versteckte Form von sozialem Privileg werden.

Gibt es einen Ausweg aus dieser Sackgasse? Er ist wohl nur in irgendeiner Variante des sozialistischen Prinzips zu finden: »Jeder nach seinen Fähigkeiten – jedem nach seinen Bedürfnissen.« Das ist auch in nicht-sozialistischen Gesellschaften nicht unbedingt unerreichbar. Grobe Ungleichheiten in materieller Hinsicht lassen sich vermeiden. Immerhin hat in den meisten technologisch fortgeschrittenen Ländern seit wenigstens einem halben Jahrhundert eine gewisse Umverteilung des Eigentums stattgefunden, durch welche es gleicher und gerechter wurde (begleitet vom Gezeter über die »schleichende Sozialisierung« in gewissen Lagern). Vielleicht ebenso wichtig ist der Abbau grober Statusungleichheiten. Dies ist wenigstens zum Teil ein Problem der Ethik; es ist nicht notwendig, daß ein Büro- oder Firmenchef den Pförtner oder die Putzfrauen mit herablassender Arroganz behandelt.

Gleichwohl ist es für eine Gesellschaft wünschenswert und sogar unentbehrlich, daß jene, die auf einem bestimmten Gebiet über seltene oder außergewöhnliche Fähigkeiten verfügen, dazu ermutigt werden, sich auf diesem Gebiet auszuzeichnen. Dies bedeutet gewöhnlich eine langwierigere und mühsamere Ausbildung, als sie für geläufigere und einfachere Berufe erforderlich ist. Ist es nur der Wunsch nach größerem Verdienst und höherem Status, der Menschen dazu veranlaßt, herausragende Leistungen zu vollbringen? Bei vielen mag es so sein, aber bei anderen trägt die Leistung ihren Lohn in sich selbst. Ein Musiker, ein Dichter, ein Handwerker, ein Sportler, ja selbst ein Wissenschaftler und ein Politiker sehen ein hohes Maß an Befriedigung und Glück in ihrer Arbeit, sobald sie merken, daß sie gut wird. Es gibt Menschen, die lukrative Angebote abgelehnt haben, um ungehindert ihren Lieblingsvorhaben nachgehen zu können. Es ist nicht ausgeschlossen, daß eines Tages diejenigen am besten bezahlt werden, die gesellschaftlich unentbehrliche, aber unangenehme Arbeit verrichten, etwa die Müllabfuhr, während Menschen in Berufen, die von der Aufgabe attraktiv sind, mit geringerem Einkommen rechnen müssen.

Freie Wahl der Ausbildung und des Berufs kann zur Vergeudung von Kräften und gesellschaftlichen Ressourcen führen. Wer sich zum Dichter berufen fühlt, ist vielleicht nur ein Dichterling, und wer den Ehrgeiz spürt, Wissenschaftler zu werden, mag recht und schlecht als Techniker enden. Zerstörte Hoffnungen sind für den betreffenden Menschen schmerzlich; aber die Verweigerung einer bestimmten Chance ist in einer rigiden Klassengesellschaft bei weitem verheerender. Keine von fehlbaren Menschen organisierte Gesellschaft wird perfekt sein, aber es ist meine feste Überzeugung, daß man dafür arbeiten sollte, sich der vollen Chancen- und Statusgleichheit so weit anzunähern wie es nur irgend geht. Beide oben diskutierten Aspekte der Gleichheit sind unentbehrlich: die Fähigkeit, frei sein Lebensziel und die Richtung seines Strebens zu wählen, und die freie Verfügbarkeit über eine Vielzahl von Umwelten, Erziehungs- und Ausbildungsmöglichkeiten, die zu den unterschiedlichen Anlagen der verschiedenen Menschen passen.

Sozioökonomische Klassen oder Eignungs-Aggregationen?

Man kann nicht oft genug betonen, daß es nicht der Zweck menschlicher Gleichheit ist, einen Menschen wie den andern zu machen. Ganz im Gegenteil – es ist die praktische Einsicht, daß jedes Individuum von jedem anderen verschieden ist und daß jeder Mensch das Recht hat, seinen selbstgewählten Weg zu gehen (vorausgesetzt, er fügt anderen keinen Schaden zu).

Die genetische Verschiedenheit des Menschen ist kein unglücklicher Zufall oder Defekt der menschlichen Natur. Sie ist ein unschätzbarer Vorzug, mit dem der Evolutionsprozeß die menschliche Art ausgestattet hat. Er wird begleitet von der genetisch bedingten Erziehbarkeit, Bildbarkeit oder Formbarkeit menschlicher Wesen. Jede menschliche Gesellschaft, von der primitivsten bis zur kompliziertesten (und letztere noch mehr als erstere), bedarf einer Vielzahl von Menschen, die für eine Vielzahl von Funktionen ausgebildet und an sie angepaßt sind. Kastengesellschaften versuchten erfolglos, diese erforderliche Vielfalt zu schaffen, indem sie sich die wirklichen oder eingebildeten genetischen Unterschiede zwischen den Menschen zunutze machten. Ob in einer meritokratischen Gesellschaft die Vielfalt durch differenzierte Ausbildung zu erreichen wäre oder nicht, wenn sich alle Menschen in genetischer Hinsicht so ähnlich wie eineiige Zwillinge wären, bleibe dahingestellt. In der Realität wird die Vielfalt durch eine Kombination von genetischer und umweltlicher Bedingtheit erreicht. Das in der modernen Soziologie weithin akzeptierte funktionalistische Paradigma nimmt an, daß es »ein wesentliches Erfordernis für ein funktionsfähiges soziales System ist, daß es über ein relativ stabiles System sozialer Rangstufen verfügt... Unter dieser Voraussetzung erfordert ein fortlaufendes System der sozialen Schichtung einen allgemeinen Set von ideologischen Rechtfertigungen. Es muß diverse Mechanismen geben, die das System der Ungleichheit erklären, begründen und propagieren; die dafür sorgen, daß die Menschen ihre eigene Ungleichheit als legitim akzeptieren. Idealtypisch gesehen, würde ein stabiles System der Schichtung der verschiedenen Gruppen der Gesellschaft Ziele anweisen, die von allen innerhalb der jeweiligen Gruppe erreicht werden könnten« (Lipset, 1968).

Gleichheit ist notwendig, wenn eine Gesellschaft die Vorteile aus der genetischen Verschiedenheit ihrer Mitglieder maximieren will. Bei jeder auch nur annähernden Realisierung voller Gleichheit wird jedes Gewerbe, jedes Handwerk, jeder Beruf und jede Tätigkeit in sich diejenigen Menschen konzentrieren, die genetisch für diese Rollen am geeignetsten sind. Werden diese Aggregationen von genetischen Eignungen die Wiederherstellung von Klassen oder gar Kasten begünstigen? Die Eignungsaggregation wird vielleicht einmal zu einem neuartigen Sozialphänomen, das sich gegenwärtig noch kaum abzeichnet.

Kritiker des funktionalistischen Paradigmas haben darauf hingewiesen, »daß sich Systeme der Schichtung deshalb halten und ihre jeweils variierende Gestalt annehmen, weil die privilegierten Schichten über mehr Macht verfügen und in der Lage sind, ihre Gruppeninteressen der Gesellschaft aufzuzwingen. ... Die mit der Schichtung zusammenhängenden Wertsysteme spiegeln daher die funktionellen Bedürfnisse der herrschenden Schichten wider, nicht die des Gesellschaftssystems als ganzem« (Lipset, 1968). Die Eignungsaggregationen werden sich von den alten Klassen vor allem durch ihre Veränderbarkeit unterscheiden. Eine Aggregation erhält wahrscheinlich in jeder Generation neue Mitglieder, die nicht Nachkommen der alten Mitglieder sind. Die Zugänge dürften durch Abgänge bei der Nachkommenschaft der alten Mitglieder, von denen manche in andere Aggregationen überwechseln dürften, mehr oder minder ausgeglichen sein. Die Zu- und Abgänge mögen zum Teil auf bestimmte Berufe zurückgehen, die mehr oder weniger attraktiv oder mehr oder weniger sozial bedeutsam werden, so daß mehr Leute oder weniger dazu bereit sind, sich für sie ausbilden zu lassen. Andere Zu- und Abgänge sind genetisch bedingt und daher genetisch wichtig. Sie resultieren aus der Segregation von Mendel-Genen und sollten nicht durch den »natürlichen« und emotional verständlichen Impuls der Eltern vereitelt werden, ihren Kindern Beruf und Status zu vererben oder sie zu dem zu zwingen, was als privilegierterer Beruf und Status gilt.

Es ist unwahrscheinlich, daß die Eignungsaggregationen von – beispielsweise – Musikern lauter Mitglieder enthalten, die für dasselbe Musikgen homozygot sind, selbst wenn es ein solches Gen gäbe. Die genetische Basis von musikalischem Talent ist wahrscheinlich eine Konstellation aus einer Reihe von Genen, möglicherweise sogar verschiedenen Genen bei verschiedenen Menschen. Noch unwahrscheinlicher ist, daß jeder Geschlechtspartner jedes Musikers für dasselbe Gen bzw. dieselben Gene homozygot ist. Einige Nachkommen von Musikerfamilien werden demnach einer auffälligen musikalischen Begabung ermangeln und in andere Berufsaggregationen überwechseln. Umgekehrt werden manche talentierte Musiker in Familien dieser anderen Aggregationen zur Welt kommen und in die Musikeraggregation eingehen. Das ist analog der heutigen sozialen Mobilität zwischen den Klassen, aber noch stärker an genetische Prozesse in menschlichen Populationen gebunden. Darüber hinaus muß man sich diese Mobilität nicht als in einer Richtung, sondern in vielen Richtungen verlaufend vorstellen. Anstelle eines Auf- oder Absteigens auf einer einzigen sozioökonomischen Skala kommt es zu einem Austausch von Personen und Genen zwischen mehr oder minder zahlreichen Funktionsaggregationen, von denen einige in ökonomischer Hinsicht gleichwertig sind.

Kinder von Musikern, Sportlern oder Intellektuellen wachsen in Umwelten auf, in denen Musikalität, Sport oder intellektuelle Interessen sehr wahrscheinlich geschätzt und gefördert werden.

Obwohl nicht jeder Abkömmling solcher Familien die Gene erbt, die die jeweiligen Begabungen und Neigungen bedingen, so ist die Wahrscheinlichkeit doch größer, daß Begabte in solchen und nicht in anderen Familien geboren werden. Ferner sollte man die genetischen Folgen der Gattenwahl nicht unterschätzen. Die Gene für eine bestimmte Art von Eignung sind über alle sozialen Schichten und in allen Berufsaggregationen verstreut. Und trotzdem sind Heiraten zwischen Individuen, die Gene für ähnliche Eignungen tragen, häufiger, als man nach dem Zufall erwarten dürfte. Paarungssiebung (Gattenwahl) braucht nicht auf eine bewußte Entscheidung zurückzugehen; sie kann einfach eine Frage der (örtlichen) Nähe sein. Statistisch gesprochen ist es wahrscheinlicher, daß sich Familien kennen, die ähnliche Berufe haben, als Familien mit verschiedenen Berufen. Meine Frau und ich waren einmal sehr überrascht, als wir feststellten, daß 90 Prozent unserer Bekannten entweder selbst in akademischen Berufen tätig waren oder mit in solchen Berufen Tätigen verheiratet waren. Schulen, höhere Schulen und Universitäten fungieren einfach dadurch als »Heiratsvermittler«, daß sie junge Leute mit ähnlichen Interessen und etwa ähnlichen Fähigkeiten zusammenbringen (Eckland, 1970).

Die genetischen Folgen der positiven Paarungssiebung sind in genetischer Hinsicht noch nicht angemessen untersucht worden. Formal betrachtet, fördert Paarungssiebung eine erhöhte Homozygotie für diejenigen Gene, die die bei der Partnerwahl beteiligten Eigenschaften determinieren. Der vom Standpunkt menschlicher Gesellschaften interessanteste und bedeutsamste Aspekt ist das Anwachsen der Varianz in Populationen, in denen Paarungssiebung häufig auftritt. Die meisten menschlichen Fähigkeiten bilden abgestufte Kontinua und sind von mehreren Genen bedingt, die sich in ihrer Wirkung gegenseitig steigern. Manche Leute haben keinen Sinn für Musik und empfinden sie als störend, andere sind mittelmäßige oder ziemlich gute, wieder andere hervorragende Musiker, und schließlich gibt es Genies wie Bach oder Beethoven. Ist Zufallspaarung gegeben und sind die eine Fähigkeit bedingenden Gene in der Population verstreut, so ist für viele dieser Gene die Wahrscheinlichkeit relativ gering, daß sie zufällig zusammenkommen. Sie nimmt zu, wenn sich die Träger dieser Gene eher miteinander paaren als mit Nichtträgern. Die unter Chancengleichheit gebildeten Eignungsaggregationen würden unvermeidlich zu positiver Paarungssiebung führen. Das muß nicht notwendig eine Rekordernte an Genies erbringen (für derartige Prognosen ist unser Wissen über die genetischen Grundlagen menschlicher Fähigkeiten noch zu gering), aber die Wahrscheinlichkeit einer solchen Entwicklung wird gesteigert.

Folgerungen

Es nimmt kaum wunder, daß Gleichheit nicht von jedermann begrüßt wird. Einige Biologen haben es fertiggebracht, gräßliche Geschichten über ihre vermeintlichen dysgenischen Folgen zu erfinden. Die Gleichheit soll die genetische Begabung in den Unterschichten ausgetrocknet haben, die dort in den guten alten Tagen der Klassengesellschaft noch zu finden war, die nicht die soziale Mobilität ermutigte. Was am Fuße der sozioökonomischen Leiter verbleibt, ist wertloser Abschaum. Diese Phantasien lassen sich mühelos zerstreuen, wenn man bedenkt, wie jung auch in sozial fortgeschrittenen Gesellschaften die ersten tastenden Ansätze zur Chancengleichheit sind. Indessen gibt es doch ein echtes soziogenetisches Problem, das wir auch dann nicht aus dem Auge lassen sollten, wenn wir die Phantasien zurückweisen. Wir haben gesehen, daß sich in einer Gesellschaft, die sich der vollen Chancengleichheit nähert, unterschiedliche Aggregationen von Menschen bilden werden, die verschiedene genetische Eignungen in sich konzentrieren. Ist es realistisch, sich eine Gesellschaft vorzustellen, die nur aus solchen Eliteaggregationen besteht? Oder wird eine umfangreiche Aggregation übrigbleiben, in der sich keinerlei spezielle Fähigkeiten finden, außer daß gelegentlich Elite-Genkonstellationen zur Welt kommen?

Beim gegenwärtigen Stand unseres Wissens über menschliche Verhaltensgenetik wäre es töricht, auf obige Fragen dogmatische Antworten vorzulegen. Ich pflichte Scarr-Salapatek (1971 a) bei, der sagt, daß man Unterschiede zwischen Menschen »einfach als Unterschiede, nicht als Mängel, akzeptieren kann. Wenn es unterschiedliche Möglichkeiten gibt, in der Gesellschaft Erfolg zu haben, dann kann man Unterschiede als Variationen über das Thema Mensch ansehen, ohne Rücksicht auf deren umweltliche oder genetische Ursprünge«. Man muß die Menschen nicht als Elite oder gemeines Volk abstempeln. Zunehmende Statusgleichheit und wirtschaftliche Gleichheit müssen die Chancengleichheit ergänzen. Körperliche Arbeit ist nicht an sich schlechter als geistige Arbeit, auch wenn mehr Menschen zu jener geeignet sein mögen als zu dieser. Bestrebungen zur Aufdeckung seltener Fähigkeiten brauchen nicht von der guten Meinung über weiter verbreitete Fähigkeiten abzulenken. Zugegeben: Das alles ist für jene schwer zu akzeptieren, die in Klassengesellschaften oder in Gesellschaften aufwuchsen, die den hemmungslosen Statuswettbewerb fördern. Ich habe jedoch das Gefühl, daß es ethisch wünschenswert ist und daß sich überdies die Geschichte unausweichlich in diese Richtung bewegt.

Abschließend muß noch einmal betont werden, daß die Vielfalt, die wir beobachten, ein gemeinsames Produkt von genetischen und umweltlichen Unterschieden ist. Die beobachtete Vielfalt ist im Prinzip durch genetische wie auch durch umweltliche Mittel kontrollierbar. Je mehr wir über die dieser Vielfalt zugrundeliegenden Ursachen wissen, desto größer werden die Möglichkeiten der Kontrolle. Dies ist letztlich Zweck und Rechtfertigung der wissenschaftlichen Forschung in Biologie, Psychologie und Soziologie. Ein beträchtlicher Teil der Menschheit – von den Slumbewohnern des reichsten Landes der Erde bis zur Bevölkerung der armen Länder – ist heute nicht bloß um optimale, sondern einfach um erträgliche Bedingungen der physischen und mentalen Entwicklung gebracht. Diesem Teil der Menschheit muß geholfen werden, sich solche Bedingungen zu sichern. Es ist Heuchelei, wenn man sagt, daß ihre Benachteiligung auf ihre minderwertigen Gene zurückgeht und durch eugenische Ausmerzung dieser Gene korrigiert werden muß. Die Eugenik wird einmal zu ihrem Recht kommen. Aber wie Osborn (1968) hervorgehoben hat: Eugenische Verbesserungen können nur bei vorhergegangenen umweltlichen und soziologischen Verbesserungen erfolgreich sein.

II

Evolutionsgenetik der Rasse

»Es ist hier nicht meine Absicht, die verschiedenen sogenannten Rassen der Menschen zu beschreiben; sondern unter einem ordnenden Gesichtspunkt zu erforschen, welches der Wert der Unterschiede zwischen den Menschen ist und worin sie ihren Ursprung haben.« Mit diesem Satz beginnt Darwin das Kapitel »Über die menschlichen Rassen« in seiner *Abstammung des Menschen* (1871). Ein Jahrhundert später bleibt es angezeigt, eine Diskussion der menschlichen Rassen im Lichte der Genetik mit demselben Satz zu eröffnen. Trotz der enormen Zunahme unserer Information über rassische Variation beim Menschen wie bei anderen Organismen sind die Probleme, die Darwin beschäftigten, noch immer akut. In einem gewissen Sinn hat die Unsicherheit sogar zugenommen. Eine kleine, aber lautstarke Gruppe von Gelehrten behauptet, es gebe beim Menschen überhaupt keine rassische Differenzierung. Selbst wenn diese Behauptung zuträfe – was m. E. nicht der Fall ist –, würde unsere Diskussion nicht gegenstandslos werden. Wenn die Menschheit keine Rassen kennt, so ist sie doch zweifellos nicht homogen oder einförmig. Die Verschiedenheit wäre immer noch zu beschreiben, zu untersuchen und zu erklären.

Die genetische Verschiedenheit der Menschen ist bei weitem mehr als eine Angelegenheit von bloß theoretischem oder akademischem Interesse. Sie hat eine ganze Reihe von soziopolitischen Implikationen. Die Rassenverschiedenheit ist eine Form von genetischer Verschiedenheit, die bei soziopolitischen Diskussionen oft ins Spiel gebracht wird. Nur zu oft löst man heftige

Vorurteile und Parteilichkeitsgefühle aus, wenn man das Wort »Rassenprobleme« auch bloß erwähnt. Die biologische Tatsache, daß es in der menschlichen Art Rassen gibt, scheint komplizierter zu sein, als es Rassen in geschlechtlich sich fortpflanzenden und kreuzenden Arten von Tieren und Pflanzen sind. Das liegt daran, daß menschliche Rassen kulturellen wie auch biologischen Einflüssen unterliegen. Das größte Problem ist, daß die Untersuchung von Rassen beim Menschen vom Parteigezänk überschattet wird. Ein Wissenschaftler im Elfenbeinturm zieht es da vor, sich von Problemen fernzuhalten, die derartige emotionale Vorurteile aufrühren. Und doch ist die menschliche Tragweite vieler mit Rasse zusammenhängender Probleme zu groß, als daß man die Frage offen lassen könnte oder sie völlig den Rassisten überlassen dürfte. Eine Klärung der biologischen und sonstigen Aspekte des Phänomens Rasse ist dringend notwendig.

Individuelle Verschiedenheit und Gruppenverschiedenheit

Immanuel Kant, der Naturwissenschaftler war, bevor er zu einem der bedeutendsten Philosophen wurde, schrieb 1775 in seiner Abhandlung *Von den verschiedenen Rassen der Menschen*, die folgenden, bemerkenswert scharfsichtigen Zeilen: »[Auf diese Weise] sind Neger und Weiße zwar nicht verschiedene Arten von Menschen (denn sie gehören vermutlich zu einem Stamme); aber doch zwei verschiedene Rassen; weil jede derselben sich in allen Landstrichen perpetuiert, und beide miteinander notwendig halbschlächtige Kinder, oder Blendlinge (Mulatten) erzeugen. Dagegen sind Blonde und Brunette nicht verschiedene Rassen der Weißen; weil ein blonder Mann von einer brunetten Frau auch lauter blonde Kinder haben kann, obgleich jede dieser Abarten sich bei allen Verpflanzungen lange Zeugungen hindurch erhält.«

Kant begriff den Unterschied zwischen individuellen Variabilitäten (innerhalb *einer* Population, »intrapopulational«) und Gruppenvariabilitäten (zwischen *mehreren* Populationen, »interpopulational«) besser, als dies manche Autoren heute tun. In unserer modernen Terminologie kann man die Situation wie folgt beschreiben. Mit Ausnahme von eineiigen Zwillingen und anderen Mehrlingsgeburten, unterscheiden sich zwei beliebige Individuen in mehreren, wahrscheinlich sogar in vielen Genen. Eltern und Kinder, Geschwister, entferntere Verwandte und Menschen, die nicht nachweislich verwandt sind, unterscheiden sich voneinander im Durchschnitt in jeweils immer mehr Genen. Der Genotyp eines jeden Menschen ist einzigartig, er war noch nie da und wird niemals wiederkehren. Wie im ersten Kapitel gezeigt, ist der unmittelbare Grund der individuellen genetischen Variabilität die Mendelsche Segregation in geschlechtlich sich fortpflanzenden und kreuzenden Arten. Jedes Individuum ist für viele (wahrscheinlich tausende oder zehntausende) seiner Gene heterozygot. Keine zwei von ihm erzeugten Geschlechtszellen enthalten die gleiche identische Genanordnung; die Geschlechtszellen des Geschlechtspartners sind ebenfalls verschieden; die Zygoten (Kinder), die die beiden hervorbringen, sind im Durchschnitt für ebenso viele Gene wie die Eltern heterozygotisch und verschieden.

Bei der Gruppenvariabilität sind die untersuchten Einheiten keine Individuen mehr, sondern biologisch und genetisch verknüpfte Individuenverbände – Populationen. Es kommt selten vor, daß sich jedes Individuum der Population *A* in der gleichen Weise von jedem Individuum der Population *B* unterscheidet und die Verbände *A* und *B* aus genetisch identischen Individuen bestehen. Eine solche Situation tritt bei Organismen auf, hauptsächlich, wenn auch nicht ausschließlich, bei einigen Pflanzen- und Mikroorganismengruppen, deren überwiegend oder obligatorisch gebrauchte Art der Fortpflanzung ungeschlechtliche Zweiteilung der Zellen, Knospung, diploide Parthenogenese oder Selbstbefruchtung ist. Tausende, ja Millionen von Individuen bei solchen Organismen gehören zum selben Klon (dem Resultat der ungeschlechtlichen Fortpflanzung) oder zur selben reinen Linie (bei der Selbstbefruchtung) und können denselben Genotyp haben. Hierbei handelt es sich in der Tat um »reine Rassen«. Die Bewohner eines bestimmten Territoriums kann man beschreiben, indem man listenmäßig erfaßt, welche reinen Rassen auftreten und deren relative Häufigkeit spezifiziert. Um nur ein Beispiel anzuführen: Allard und Kannenberg (1968) entdeckten in Zentralkalifornien mindestens acht reine Linien des selbstbefruchtenden Grases *Festuca microstachys;* die relative Häufigkeit dieser Linien ist von Ort zu Ort verschieden und hängt anscheinend davon ab, welche Linien der Umwelt einer bestimmten Örtlichkeit am besten angepaßt sind.

Es war der Traum mancher Anthropologen, menschliche Populationen nach Maßgabe des jeweiligen Anteils von verschiedenen »reinen Rassen« oder »Typen« zu beschreiben – ein zählebiger Traum (siehe Dobzhansky, 1970). Aber es ist ein chimärischer Traum; denn die Menschheit ist, und zwar immer, eine sich geschlechtlich fortpflanzende und kreuzende Art. Mit Ausnahme eineiiger Mehrlingsgeburten hat sie keine Klone, keine reinen Linien und keine reinen Rassen und kann sie auch nicht haben. Sie besteht aus genetisch einzigartigen Individuen. Trotzdem hat es nicht an falschen Wegweisern in das Traumland der »reinen Rassen« gefehlt. Wie einfach wäre es doch, wenn wir genau sagen könnten, zu welcher reinen Rasse jedes Individuum gehört!

Menschliche Populationen sind polymorph für Augen- und Haarfarbe, Blutgruppe und viele weitere Merkmale. Könnte man Blauäugige zu Angehörigen einer Rasse, Braunäugige zu Angehörigen einer anderen erklären? Kann eine Rasse die Träger der Blutgruppe A umfassen, eine weitere die der Gruppe B und die dritte die der Gruppe 0? Das wäre lächerlich: Eltern und Kinder, aber auch Geschwister gehörten dann oft verschiedenen Rassen an. Nicht weniger sinnlose »Rassen« von Kriminellen, Aristokraten oder Leuten, die an Tuberkulose oder sonstigen Krankheiten leiden, sind in der Literatur behandelt und diskutiert worden. Der Fehler liegt daran, daß diese Personengruppen keine Populationen im biologischen Sinn darstellen, sondern willkürlich, aufgrund einzelner Merkmale zusammengesuchte Individuenkollektive. Schließlich stammen Kriminelle meistens von Eltern ab, die selber nicht kriminell sind; von ihren Nachkommen sind ebenfalls einige nicht kriminell. Zwar gibt es wahrscheinlich eine genetische Prädisposition für Tuberkulose, aber die Menschen, die an dieser Krankheit leiden, bilden keine von den Gesunden getrennte Zuchtgemeinschaft. Außer in einem Kastensystem ist keine Aristokratie oder herrschende Elite eine von den Plebejern unterschiedene Mendelpopulation.

Vorstellungen von reinen Rassen oder platonischen Typen oder Ideen stehen im Hintergrund verschiedener Taxonomien von Konstitutionstypen. Kretschmers pyknischer, athletischer und asthenischer (leptosomer) Körperbautypus und verwandte psychologische Typen sind in ihrer extremen oder reinen Form zugegebenermaßen selten. Trotzdem sind sie unter den mannigfaltigen Produkten jener allgemeinen Rassenmischung wahrzunehmen, in der die Menschheit seit Jahrhunderten und Jahrtausenden begriffen ist. Sheldons 88 Somatotypen sind Kombinationen aus abgestuften Serien dreier angeblich unabhängiger Variablen – Endomorphie, Mesomorphie und Ektomorphie. Die Genetik dieser Variablen ist unklar. Wenn es Serien multipler Allele von jedem der drei Gene, für Endomorphie, Mesomorphie und Ektomorphie gäbe, dann könnte man die 88 Somatotypen als kompliziertes Beispiel eines intrapopulationalen Polymorphismus interpretieren. Dies wäre aber noch zu beweisen.

Mehr als ein halbes Jahrhundert lang hielt sich die polnische Anthropologenschule durchweg an streng typologische Annahmen (siehe die Beiträge von Czekanowski, 1962, dem ehrwürdigen Haupt dieser Schule, ferner Wiercinski, 1962, und Bielicki, 1962). Man beschreibt Populationen nach Maßgabe des Vorkommens von rassischen »Typen« in ihnen; diese Typen werden »gegen einander abgehoben, indem man die rassischen Affinitäten von Individuen unabhängig von ihrer ethnischen Herkunft diagnostiziert«. Europäische Populationen setzen sich aus nordischen, mediterranen, armenoiden und lapponoiden Rassen oder Rassetypen zusammen. Die Häufigkeit dieser Typen in jeder Population wird mit einer Genauigkeit von $^1/_{10}$ Prozent angegeben, so als ob der Mensch irgendeinem Klon oder einer reinen Linie angehörte wie die *Festuca microstachys*-Gräser (s. o.). Mediterrane Individuen in polnischen, schweizerischen und italienischen Populationen sollen einander ähnlicher sein als ihren nordischen oder armenoiden Nachbarn oder Brüdern. Michalski und Wiercinski können nicht weniger als 16 »Rasseelemente« unterscheiden, aus denen sich die Menschheit zusammensetzt. Diese Rassen oder Typen oder Elemente werden durch eine Konstellation von hauptsächlich morphologischen Merkmalen bestimmt, wie Körpergröße, Augen- und Haarfarbe, Haarform, Schädelindex, Orbitalindex, Gesichtsindex, Nasenindex. Eine Reihe mathematischer Techniken ist ersonnen worden, um zu ermitteln, zu welchem Rassetyp jedes Individuum gehört. Ist das aber wirklich zu ermitteln? Wie in der Biostatistik überhaupt, können die Resultate selbst der präzisesten und ausgeklügeltsten Berechnungen nicht mehr ergeben als numerische Ausdrücke für das, was man an biologischen Annahmen dem mathematischen Modell zugrunde gelegt hat. Im vorliegenden Fall sind diese Annahmen – sofern sie überhaupt formuliert wurden – unhaltbar. Die entscheidende Annahme ist, daß die Merkmalskonstellationen, die angeblich den nordischen, armenoiden, lapponoiden usw. Rassetyp ausmachen, als Allele eines einzigen Gens ererbt werden – etwa so wie jene, die die Blutgruppen A, B und 0 ergeben. Das steht in krassem Widerspruch zu allem, was über die Genetik dieser Merkmale bekannt ist. Wiercinski (1962) gibt das Beispiel einer Familie, bei der der Vater als alpin bestimmt wird, die Mutter als nordisch, die beiden Kinder als lapponoid bzw. nordisch. Das heißt unsere Gutgläubigkeit über Gebühr strapazieren!

Mendelpopulationen

Jeder Mensch hat zwei Eltern, vier Großeltern, acht Urgroßeltern und so fort. Nach etwa 33 Generationen übersteigt die Zahl der Vorfahren die der gesamten Weltbevölkerung. Natürlich ist dies unmöglich. Ungeachtet der weltweiten Inzesttabus waren alle unsere Vorfahren mehr oder weniger entfernte Verwandte. Zwar läßt es sich nicht dokumentarisch belegen, aber dennoch sind alle Menschen miteinander verwandt. Könnte man einen vollständigen Stammbaum für die ganze Menschheit erstellen, so bestünde er aus einem komplizierten Geflecht, in dem jedes Individuum mit jedem anderen in vielfacher Beziehung steht. Die Menschheit ist eine komplizierte Mendelpopulation, eine Fortpflanzungsgemeinschaft, in der sämtliche Mitglieder durch Heirats- und Elternbande miteinander verknüpft sind. Eine Mendelpopulation hat einen gemeinsamen Gen-Pool. Die Gene eines jeden Individuums stammen aus diesem Pool, einige von ihnen kehren in den Pool zurück, sofern der Betreffende nicht kinderlos stirbt.

Theoretisch könnte man die Menschheit beschreiben, indem man ihre Genloci katalogisiert und im Gen-Pool die Häufigkeit der verschiedenen Allelen an jedem Locus angibt. Aber selbst wenn eine derartige Beschreibung praktisch möglich wäre, so wäre sie nicht völlig befriedigend. Die Menschheit ist keine panmiktische Population, in der für jedes Individuum die gleiche

Wahrscheinlichkeit besteht, sich mit jedem Individuum entgegengesetzten Geschlechts und im geeigneten Alter zu paaren. Die Chance, daß ein junger Mann aus Kanada ein kanadisches Mädchen heiratet, ist größer, als die Chance, daß er ein Mädchen aus China oder Uganda zur Frau nimmt. Gemeinsam mit vielen geschlechtlich sich fortpflanzenden Tier- und Pflanzenarten ist die Menschheit geographisch in untergeordnete Mendelpopulationen differenziert; eine Heirat innerhalb dieser Subpopulationen ist häufiger als zwischen ihnen. Es gibt ferner spezifisch menschliche Faktoren, die eine weitere Diskontinuität der intrapopulationalen Heiratsmuster bewirken, wie etwa ökonomische, klassenmäßige, sprachliche, religiöse und andere Unterteilungen.

Die Menschheit als biologische Art ist die Gesamt-Mendelpopulation. In ihr gibt es eine Hierarchie untergeordneter Mendelpopulationen, die voneinander geographisch oder sozial teilweise isoliert sind. Nur die kleinsten Untergruppen, wie die Bewohner bestimmter Dörfer oder kleinstädtische Gruppen mit gleichem Sozialstatus, kann man als annähernd panmiktisch betrachten. Rassen sind untergeordnete Mendelpopulationen innerhalb einer Art. Sie sind keine platonischen Typen, keine Ansammlungen von genetisch identischen Individuen, keine Untergruppen einer durch überlange Rassenmischung heruntergekommenen Urmenschheit. Es sind Mendelpopulationen, die sich durch das Vorkommen bestimmter Gene in ihren Gen-Pools unterscheiden.

Die Abgrenzung der Mendelpopulation der menschlichen Art als ganzer bietet keine Schwierigkeiten. In unserem Zeithorizont gibt es keinen Genaustausch zwischen dem Gen-Pool der menschlichen Art und dem ihrer engsten biologischen Verwandten, den Pongiden oder Menschenaffen. Es wird manchmal gefragt, wie man das Lebewesen Mensch definiert. Biologisch gesehen ist die Antwort einfach: Jedes Individuum ist ein Mensch, dessen Gene aus dem Gen-Pool der menschlichen Art stammen. Im Gegensatz hierzu ist die Abgrenzung jener Mendelpopulationen, die man Rassen nennt, immer bis zu einem gewissen Grad vage, weil deren Gen-Pools nicht völlig disjunkt sind. Damit haben wir nur mit modernen Worten den Schluß wiedergegeben, zu dem schon Darwin kam: »Das schwerwiegendste Argument dagegen, die menschlichen Rassen als getrennte Arten zu behandeln, ist der Umstand, daß sie ineinander übergehen; und zwar, soweit wir wissen, in vielen Fällen unabhängig davon, ob sie sich miteinander gekreuzt haben oder nicht.«

Die untergeordneten – intraspezifischen – Mendelpopulationen beim Menschen, wie auch bei anderen geschlechtlichen Organismen, sind in der Regel nicht völlig diskret. Aufgrund von Genaustausch gehen sie ineinander über. Sehr häufig kann man nicht sagen, wo die eine aufhört und die andere anfängt. Selbst für die menschlichen Hauptrassen (gelb, weiß, schwarz und rot) kennt man ausgesprochene Zwischenpopulationen, die sich jedem Versuch widersetzen, sie in die eine oder andere Schublade einzuordnen (sind die türkischsprechenden Stämme Zentralasiens gelb oder weiß?). Bei den feineren geographischen, sprachlichen und ökonomischen Unterteilungen verschwimmen die Grenzen der untergeordneten Mendelpopulationen noch mehr, weil Heirat und Genaustausch zwischen ihnen mit zunehmender Häufigkeit auftreten.

Das Fehlen scharfer Grenzen zwischen untergeordneten Mendelpopulationen beim Menschen ist manchen auf Ordnung bedachten Gemütern unheimlich. Wie kann man etwas so schlecht Definiertes zur Grundeinheit biologischer und anthropologischer Forschung machen? Zwei Feststellungen lassen sich in diesem Zusammenhang treffen. Erstens: Die Kompliziertheit der Naturordnung sollte man nicht umgehen wollen. Zweitens: Die einzige Möglichkeit, die Natur zu vereinfachen, besteht darin, sie so zu erforschen, wie sie ist, nicht wie wir sie gern haben würden.

Biologisch primär und bis zur Entstehung der Kultur der einzige Faktor, der die genetische Differenzierung von intraspezifischen Mendelpopulationen aufrechterhielt (wenn auch nicht selber hervorbrachte), war die räumliche Isolierung*). Es handelt sich dabei um eine sehr komplizierte Erscheinung, die wir bei weitem noch nicht hinreichend verstehen. Die bisher eindringlichsten Analysen dürften die von Wright sein (eine detaillierte Zusammenfassung und Literaturübersicht bei Wright, 1969). Drei Modelle sind vorgeschlagen worden. Das in mathematischer Hinsicht am leichtesten zu handhabende ist das »Insel«-Modell; die beiden andern sind räumliche Isolierung in einem gleichförmig bewohnten Gebiet und das »Schrittstein«-Modell. Das Inselmodell nimmt an, daß die Art aus diskreten Kolonien besteht, in denen Panmixie überwiegt, die aber einen Anteil m von Einwanderern haben, die zufällig aus dem Rest der Art stammen. Die Isolation der Inseln kann räumlich und zeitlich variieren; der Wert m reicht von 0 (völlige Isolation) bis

*) Räumliche (oder geographische) Isolierung darf nicht mit den Isolationsmechanismen bei der Fortpflanzung verwechselt werden, die der Verhinderung des Genaustausches zwischen beginnenden oder fertigen Arten dienen. Fortpflanzungsisolation ist per definitionem genetisch. Ethologische Isolation bespielsweise, der Mangel an sexueller Anziehungskraft zwischen Weibchen der einen und Männchen der andern Art, ist durch einige der Genunterschiede zwischen diesen Arten bedingt. Das gleiche gilt von hybrider Lebensunfähigkeit und von hybrider Sterilität. Im Gegensatz hierzu können geographisch isolierte Populationen — etwa die Bewohner verschiedener Inseln — im Prinzip sogar genetisch identisch sein. Und auch wenn sie nicht genetisch identisch sind, brauchen die Unterschiede zwischen ihnen nicht für die geographische Trennung verantwortlich zu sein. Lediglich die ökologische Isolation, eine genetisch bedingte Vorliebe für unterschiedliche Lebensräume, liegt in einem gewissen Sinne zwischen geographischer Isolierung und Fortpflanzungsisolation.

1 (überhaupt keine Isolation). Kommen die Einwanderer (wie es gewöhnlich der Fall ist) eher aus den benachbarten Kolonien als aus der Art als ganzer, so erhalten wir das Schrittsteinmodell. Dieses geht in die Situation über, wo das Ausbreitungsgebiet der Art kontinuierlich und gleichförmig bewohnt wird, wo aber die Mobilität der Individuen begrenzt ist, so daß die Eltern aus einem mehr oder minder kleinen Bruchteil des Gesamtgebietes kommen.

Beim Menschen trifft man Situationen an, die allen drei Modellen entsprechen, wie auch intermediäre Zustände. Cavalli-Sforza (1959; und Cavalli-Sforza und Bodmer, 1970), untersuchte die »Heiratsmigration« zwischen Städten und Dörfern der Diözese Parma in Oberitalien, Harrison (1967) untersuchte Dörfer in Oxfordshire (England). Braut und Bräutigam können dabei entweder Bewohner desselben Dorfes sein, oder aber die Partner stammen aus verschiedenen Dörfern. Beide Autoren stellten fest, daß die Heiratswahrscheinlichkeit eine negative Exponentialfunktion der Entfernung zwischen den beiden Orten ist, in der die potentiellen Partner wohnen. Ferner ist sie eine Funktion der Einwohnerzahl der Orte; je größer die Bevölkerung eines Ortes ist, desto mehr potentielle Heiratskandidaten enthält sie. Harrisons Daten über die Heiratsentfernungen in der Population der Pfarrei Charlton anhand von Statistiken des Jahres 1861 zeigen, daß Ortschaften im Umkreis von einer Meile von Charlton etwa 55 Partner pro 1000 Einwohner beherbergten, während Ortschaften, die vier Meilen oder mehr entfernt waren, nur noch fünf Partner oder weniger enthielten.

Ein wichtiger Faktor bei der Heiratsmigration, und folglich beim Genfluß zwischen Mendelpopulationen, ist nicht nur die räumliche Entfernung als solche, sondern auch die Problemlosigkeit des Reisens. Cavalli-Sforza ermittelte die folgende Verteilung von Heiratsentfernungen unter den Bewohnern der flachen und der gebirgigen Gegenden der Diözese Parma (Tabelle 4).

TABELLE 4

Heiratsentfernungen in Prozenten zwischen Flachlandbewohnern (F) und Bergbewohnern (B) in der Diözese Parma (nach Cavalli-Sforza, 1959)

Entfernung	F	B
0 – 2,5	51,3	64,2
2,5 – 6,5	9,9	9,9
6,5 – 12,5	15,2	6,6
12,5 – 20,5	9,9	6,3
20,5 – 30,5	6,0	3,9
30,5 – 42,5	3,7	1,8
$>$ 42,5	3,7	6,7

BEACHTE: Eine Entfernungseinheit = 0,625 km

Die Mobilität der Flachlandbewohner ist, vielleicht mit Ausnahme von Entfernungen über 42 Einheiten, größer als die der Bergbewohner. Cavalli-Sforza und Bodmer (1971) haben diese größere Mobilität, und auch die größere Bevölkerungsdichte in der Ebene gegenüber den Bergregionen, mit der genetischen Differenzierung der Dorfpopulationen korreliert. Übliche genetische Kennzeichen – die Blutgruppen AB0, MN und Rh – wurden in den Populationen erfaßt. Zwischen den Dörfern der Ebene konnte man keine signifikanten Unterschiede feststellen, während unter den Bergdörfern eine beachtliche Heterogenität ans Licht kam. Die größte Heterogenität beobachtete man in den Pfarreien mit der niedrigsten Populationsdichte.

Neel (1969) und seine Mitarbeiter führten in 39 Dörfern des indianischen Yanomama-Stammes am oberen Orinoko (Venezuela) Genhäufigkeits-Untersuchungen für 25 verschiedene Genloci durch. Für einige Loci hat man sehr beachtliche Verschiedenheiten festgestellt (R^2 von 0 bis 0,11, *MS* von 0 bis 0,21, P^1 von 0,34 bis 0,70, Jk^a von 0,38 bis 0,84). Cavalli-Sforza schreibt die Heterogenitäten eher zufälliger genetischer Drift als lokalen Unterschieden in der natürlichen Selektion zu. Neel sieht in »diesen Unterschieden in erster Linie eine Widerspiegelung der Art und Weise, in der neue Dörfer entstehen«. Wie dem auch sei, die Rolle des Genaustauschs zwischen lokalen Populationen als eines genetischen Einebnungsfaktors ist nicht zu übersehen.

Gengradienten oder Progressionen

Die genannten Untersuchungen sind Beispiele einer *mikro*geographischen Differenzierung von Mendelpopulationen der menschlichen Art. Der Mensch ist ein soziales Tier; sein Siedlungsverhalten sowie die Fortpflanzungsbiologie menschlicher Populationen gestatten mitunter das Entstehen eines genetischen Unterschiedes zwischen geographisch angrenzenden Populationskernen. Wir wenden uns nun der *makro*geographischen Differenzierung zu, die sich von der mikrogeographischen quantitativ, aber wahrscheinlich nicht qualitativ unterscheidet. Einige zehntausend Jahre lang war die Menschheit eine fast kosmopolitische Art. Menschliche Populationen leben in einer Vielzahl physikalischer und kultureller Umwelten. Obwohl der Mensch stets ein Wanderer gewesen ist und seine Fortbewegungsmöglichkeiten dank des technologischen Fortschritts enorm zugenommen haben, sind manche Populationen doch durch so große Entfernungen getrennt, daß der Genaustausch zwischen ihnen begrenzt ist. Populationen, die verschiedene Kontinente oder verschiedene Teile desselben Kontinents bewohnen, unterscheiden sich oft in vielen Genen voneinander; und als Folge davon differieren sie in vielen morphologischen und physiologischen Eigenschaften.

Mit anderen Worten: Die Menschheit ist ein Agglomerat aus rassisch distinkten Populationen.

Unser Verständnis der genetischen Natur der Rassenunterschiede steht erst am Anfang. Der klassische Rassebegriff der Anthropologie wie auch der Biologie war typologisch. Jedes Individuum einer negroiden, mongoliden, kaukasoiden, ja sogar einer jüdischen und nordischen »Rasse« wurde als Variante eines geheimnisvollen »Typs« seiner Rasse betrachtet. In technischer Hinsicht führte dieser Begriff zur Charakterisierung der Rassetypen mithilfe eines Systems von Durchschnittswerten aus Messungen und Beobachtungen, die man an Stichproben von Populationen machte, die entweder in verschiedenen Gegenden wohnten bzw. von Vorfahren abstammten, die dort wohnten, oder die zu verschiedenen Kasten gehörten oder verschiedene Sprachen sprachen. Je disparater die Messungen oder Merkmale waren, die in die Konstruktion eines Rassetyps eingingen, für desto gültiger und verläßlicher hielt man ihn. Dieser typologische Ansatz erreichte sein Extrem, nahezu eine *reductio ad absurdum*, in den oben diskutierten Versuchen, unterschiedliche rassische Typen unter Individuen derselben Population und sogar unter den Angehörigen derselben Familie auszumachen.

Die Genetik hat allmählich einer wachsenden Mehrheit von Anthropologen die Ungeeignetheit von typologischen Ansätzen vor Augen geführt. Mendelpopulationen sollte man nach der Häufigkeit der in ihnen vorkommenden unterschiedlichen Eigenschaften beschreiben, im Idealfall nach der Häufigkeit der Allele varianter Gene. Boyds (1950) bahnbrechender Versuch, eine derartige Beschreibung unter Verwendung der damals bekannten Blutgene durchzuführen, traf auf Skepsis, obwohl die Rassenklassifikation, zu der er gelangte, sich von den damals gängigen typologischen Klassifikationen kaum unterschied. In den seither vergangenen zwei Jahrzehnten hat sich die Menge der verfügbaren Information ansehnlich vergrößert, aber auch Kompliziertheiten offenbart, die vorher nicht so deutlich sichtbar waren.

Werden die Häufigkeiten von Genallelen oder von verschiedenen phänotypischen Merkmalen auf Karten übertragen (Beispiele hierfür siehe bei Mourant, 1954; Mourant u. a., 1958; Lundman, 1967), so entdeckt man in der Regel ein Gefälle (eine Progression) zu- oder abnehmender Häufigkeiten zu einem bestimmten Mittelpunkt hin oder von ihm weg. So erreicht das Allel I^B des Blutgruppensystems AB0 in Zentralasien und Nordindien Häufigkeiten zwischen 25 und 30 Prozent. Nach Westen zu nimmt die Häufigkeit auf 15 bis 20 Prozent im europäischen Rußland, 5 bis 10 Prozent in Westeuropa und noch niedrigere Werte in Teilen Spaniens und Frankreichs ab. Auch nach Südosten zu nimmt die Häufigkeit ab, und zwar auf praktisch Null bei den australischen Ureinwohnern; in nordöstlicher Richtung auf unter 10 Prozent bei den Eskimos und auf Null bei reinrassigen amerikanischen Indianern. Das Zentrum heller Haut- und Augenpigmentierung ist Nordwesteuropa; die Pigmentierung wird nach Osten und vor allem nach Süden hin dunkler und erreicht ihr Maximum südlich der Sahara, in Südindien und Melanesien. Der Rohrer-Index (Körpergewicht durch Körpergröße hoch drei) erreicht Höchstwerte bei den Eskimos und ist am niedrigsten in Südasien, Australien und Afrika.

Sind irgendwelche genetischen Unterschiede zwischen menschlichen Populationen qualitativ in dem Sinne, daß bei einigen bestimmte Allele fehlen und bei anderen 100-prozentige Häufigkeit erreichen? Darwin stellte es schon fest: »Von allen Unterschieden zwischen den menschlichen Rassen ist die Hautfarbe der erkennbarste und einer der markantesten.« Und in der Tat: Außer in Fällen von Albinismus ist niemand, der südlich der Sahara zur Welt kommt, so hell pigmentiert wie die Eingeborenen Europas, und kein Europäer entwickelt eine so dunkle Pigmentierung wie ein Afrikaner. Indessen gehen diese Unterschiede der Hautfarbe auf die additiven Auswirkungen von mindestens drei, möglicherweise aber von doppelt so vielen Genpaaren ohne Dominanz zurück. Erbliche Variationen der

Hautfarbe finden sich unter Europäern ebenso wie unter Afrikanern. Man kann sich sehr wohl vorstellen, daß sich die Hautfarbe bei einer Population europäischer Herkunft durch Auslesezüchtung beträchtlich verdunkeln, bei einer Population afrikanischer Herkunft aufhellen ließe. Ob die *intra*rassischen Pigmentvariationen auf die gleichen Genloci zurückgehen, die für die *inter*rassischen Unterschiede verantwortlich sind, ist unsicher. Eines der Allele des Rh-Systems (*cDe*) erreicht bei afrikanischen Populationen Häufigkeiten von über 50 Prozent, kommt aber in der übrigen Welt, bei Individuen, bei denen afrikanische Vorfahren nicht bekannt sind, nur mit niedriger Häufigkeit, im allgemeinen unter 5 Prozent, vor. Ein Allel des Diego-Locus scheint unter Europäern zu fehlen und ist bei Indianern verbreitet, wenn es bei diesen auch keine 100-prozentige Häufigkeit erreicht. Ein Allel des Duffy-Systems hat bei Negern Westafrikas Häufigkeiten über 90 Prozent, ist aber auch, mit niedriger Häufigkeit, bei Europäern anzutreffen.

Unsere vorläufige Schlußfolgerung, die der Modifikation durch künftige Befunde unterliegt, muß demnach lauten, daß qualitative Unterschiede im oben definierten Sinn unter menschlichen Populationen nicht auftreten. Dem widerspricht in keiner Weise, daß wir in der Lage sind, jedes Individuum etwa aus dem Kongo oder aus Ghana von jedem Skandinavier zu unterscheiden und beide wiederum von jedem Eingeborenen Ostasiens. Der Grund hierfür ist natürlich der, daß sich die in diesen Ländern beheimateten Populationen nicht in der Häufigkeit eines einzigen Gens, sondern in der vieler Gene unterscheiden. Typologische Rassebegriffe sind durch populationale zu ersetzen. Individuen sind keine zufälligen Abweichungen von ihrem Rassetyp. Im Gegenteil, interpopulationale Rassenunterschiede setzen sich aus den gleichen genetischen Varianten zusammen, die für genetische Unterschiede zwischen Individuen innerhalb einer Population, ja zwischen Geschwistern und Eltern und Kindern verantwortlich sind.

Rassenunterschiede und Rassennamen

Die anscheinend unendliche Vielfalt des Lebendigen ist ebenso faszinierend wie verwirrend. Es gibt nicht zwei identische Menschen, so wie es auch nicht zwei identische Pinien oder Drosophilafliegen oder Infusorien gibt. Die beängstigende Fülle unserer Wahrnehmungen bekommen wir mithilfe der menschlichen Sprache in den Griff. Das Klassifizieren und das Benennen der Klassen von Dingen ist vielleicht die wissenschaftliche Urbetätigung. Sie mag noch vor dem Auftreten des *Homo sapiens* liegen und wird so lange bestehen, wie es symbolbildende Tiere gibt. Biologen und Anthropologen beschreiben und benennen die Organismenkomplexe, die sie untersuchen, um sie für ihren Gebrauch zu identifizieren und um anderen verständlich zu machen, worüber sie reden und schreiben.

Die Menschen, denen wir begegnen und von deren Existenz wir durch andere erfahren, sind zahlreich und voneinander verschieden. Wir müssen sie klassifizieren und diesen Klassen Etiketten als Erkennungszeichen geben. So unterscheiden wir die Sprecher des Englischen, Russischen, Suaheli und anderer Sprachen; Studenten, Industriearbeiter und Bauern; Intellektuelle und die »schweigende Mehrheit« und so fort. Jene, die die physischen, physiologischen und genetischen Variationen beim Menschen erforschen, finden es zweckmäßig, Rassen zu benennen. Rassen können als Verbände von Mendelpopulationen definiert werden, die derselben biologischen Art angehören, sich aber voneinander durch das Vorkommen bestimmter genetischer Varianten unterscheiden.

Es wird oft die Frage gestellt: Sind Rassen objektiv erkennbare Gegebenheiten der Natur oder sind es lediglich Gruppenbegriffe, die die Biologen und Anthropologen aus Gründen der Bequemlichkeit erfunden haben? Hier müssen wir die Dualität des Rassebegriffs unmißverständlich klarmachen. Zum einen bezieht sich der Begriff auf objektiv erkennbare genetische Unterschiede zwischen Mendelpopulationen. Zum andern ist er eine Klassifikationskategorie, die der pragmatischen Funktion zu dienen hat, die Kommunikation zu erleichtern. Man kann die technischen Verfahrensweisen angeben, mit deren Hilfe sich je zwei Populationen als rassisch verschieden oder rassisch identisch nachweisen lassen. Die Populationen enthalten, wenn sie rassisch verschieden sind, unterschiedliche Verbände von Genotypen, oder, wenn sie rassisch identisch sind, ähnliche Verbände.

Rassenunterschiede zwischen Populationen existieren – unabhängig davon, ob jemand sie erforscht oder nicht. Das bedeutet aber nicht, daß nun immer zwei genetisch verschiedene Populationen auch verschiedene Rassennamen erhalten müssen. Zum Beispiel hat Cavalli-Sforza (1959) keine signifikante genetische Differenzierung bei den Bewohnern von Dörfern der dichtbesiedelten Ebene von Parma festgestellt; er traf aber auf eine solche Differenzierung bei den Dörfern des spärlicher besiedelten Berglands (s. o.). Rassische Unterschiede sind demnach im letzteren Fall erkennbar, nicht aber im ersteren. Trotzdem käme niemand auf den Gedanken, der Bevölkerung jeden Bergnests ihren Rassennamen zu geben. Die Namen der Orte sind angemessene Bezeichnungen für die in ihnen lebenden Populationen.

Wie viele Populationsverbände der menschlichen Art man mit Rassennamen belegt, ist eine Frage der Zweckmäßigkeit. Schon Darwin hat bemerkt: »Der Mensch ist sorgfältiger als jedes andere organische Wesen studiert worden, und doch herrscht unter den Kapazitäten alles andere als Einigkeit« hinsichtlich der Zahl der namentlich festgestellten Rassen. Verschiedene, von Darwin zitierte Autoren unterschieden 2 bis 63 Rassen! Die Unsicherheit ist heute nicht geringer. Es gibt wohl keine zwei unabhängig voneinander arbeitende Forscher, die identische Rassensysteme vorgeschlagen hätten. Dieser Mangel an Einhelligkeit hat manche modernen »Kapazitäten« zur Verzweiflung gebracht. Sie behaupten, die Menschheit habe überhaupt keine Rassen und das Wort »Rasse« müsse aus dem Wörterbuch gestrichen werden. Motiv dieses Vorschlags ist häufig der löbliche Wunsch, der notorischen Rassenpropaganda entgegenzuwirken. Wird man dies aber dadurch erreichen, daß man die Existenz von Rassen bestreitet? Oder wird dieses Abstreiten nicht bloß die Glaubwürdigkeit der betreffenden Wissenschaftler beeinträchtigen? Ist es nicht besser, den Menschen das Wesen der Rassenunterschiede verständlich zu machen, als so zu tun, als gäbe es diese Unterschiede nicht?

Als Beispiel wollen wir eine Rassenklassifikation von einem Autor vorstellen, der mit der modernen Biologie und Anthropologie besonders vertraut ist. Garn (1965) unterscheidet 9 »geographische Rassen« und 32 »Lokalrassen«, von denen einige Unterteilungen der ersteren sind. Die geographischen Rassen sind folgende:

1. Amerikanische Indianer
2. Polynesier
3. Mikronesier
4. Australier
5. Papua-Melanesier
6. Asiaten
7. Inder
8. Europäer
9. Afrikaner

Unter denjenigen Lokalrassen, die nicht zu den übergreifenden geographischen Rassen gehören, unterscheidet Garn drei interessante Kategorien: Ainu und Buschmänner sind »lang-isolierte, randständige Lokalrassen«; Lappen, Südsee-Negritos, afrikanische Pygmäen und Eskimos sind »rätselhafte, isolierte, numerisch kleine Lokalrassen«; amerikanische Schwarze, Kap-Farbige, Ladinos und Neu-Hawaiianer sind »hybride Lokalrassen rezenten Ursprungs«. Auf der anderen Seite unterscheidet

Lundman (1967) nur 4 Hauptrassen — die weiße, gelbe, rote (amerikanische Indianer) und schwarze; seine 16 Unterrassen korrespondieren nur teilweise mit Garns Lokalrassen. Wenn man eine dieser Klassifikationen als zutreffend akzeptiert, müssen deshalb die andern notwendig falsch sein? Ich denke nicht; vielmehr müssen wir uns fragen, welche Klassifikation geeigneter ist und zu welchem Zweck.

Bei geschlechtlich sich fortpflanzenden und kreuzenden Organismen kann man gewöhnlich jedes Individuum als Mitglied einer und nur einer Art oder aber als Hybride (Bastard) von zwei Arten bestimmen. Anhänger des typologischen Rassebegriffs meinten, das gleiche müsse von Rassen gelten. Jedes Individuum — ausgenommen die Nachkommenschaft von Kreuzungen zwischen verschiedenen Rassen — müsse als einer bestimmten Rasse zugehörig klassifizierbar sein. Dem ist nicht so, weil Arten genetisch geschlossene Systeme, Rassen dagegen genetisch offene Systeme sind. Es gibt z. B. kein Individuum, dessen Zugehörigkeit zur Art »Mensch« oder zur Art »Schimpanse« in Frage gestellt werden könnte. Diese Arten tauschen keine Gene aus. Es gibt jedoch viele Lokalpopulationen in Nordwestasien, die zwischen der weißen und der gelben, und in Nordafrika, die zwischen der weißen und der schwarzen Rasse stehen. Das bedeutet nicht, daß einzelne Mitglieder dieser intermediären Populationen notwendig Eltern haben müßten, die zu verschiedenen »reinen«, weißen, schwarzen oder gelben Rassen gehören. Ganze Populationen sind intermediär. Manchmal geht dies auf sekundäre Intergradation (Mayr, 1963) zurück, d. h. auf Kreuzung von Populationen, die in naher oder fernerer Vergangenheit genetisch distinkt geworden waren. Hier liegt in der Tat der Ursprung von Garns »hybriden Lokalrassen«. Häufiger sind die intermediären Populationen autochthon; primäre Intergradation ist das Ergebnis einer Gendiffusion, die stattfindet, während die rassische Divergenz der Populationen noch im Fortschreiten begriffen ist, oder auch, nachdem sich die Populationen getrennt haben. Die Gengradienten oder Progressionen resultieren sowohl aus primärer wie aus sekundärer Intergradation.

Gengradienten erlauben es nur selten, auf der Landkarte eine Trennungslinie zwischen den Gebieten verschiedener Rassen zu ziehen. Rassengrenzen sind häufiger verschwommen als scharf. Schlimmer noch, die Gefälle für die Häufigkeit verschiedener Gene und Merkmale mögen nur schwach oder überhaupt nicht korrelieren. Dies läßt sich leicht aus Karten ersehen, die die Häufigkeit verschiedener Merkmale bei menschlichen Populationen darstellen, etwa unterschiedliche Antigene im Blut, unterschiedliche Pigmentierung und Körperhöhe (siehe z. B. die Karten bei Lundman, 1967). Menschliche Rassen sind keine diskreten Einheiten, wie sie die Typologen erträumen, und so haben sich einige enttäuschte Typologen zu dem radikalen Schluß veranlaßt gesehen, daß Rassen nicht existieren.

Sehen wir uns die Situation näher an. Wenn Gen- oder Charaktergradienten einförmig wären, würde die Genhäufigkeit gleichmäßig um soundsoviel Prozent pro soundsoviel Kilometer in einer bestimmten Richtung zu- oder abnehmen. Bei gleichförmigen Gefällen könnten Rassengrenzen nur willkürlich sein. Indessen sind die Gefälle an manchen Orten steiler, an anderen flacher oder nicht vorhanden. Stellen wir uns zwei Genallelen A_1 und A_2 einer Art mit einem Distributionsgebiet von 2100 km Durchmesser vor. Nehmen wir an, daß nach 1000 km die Häufigkeit von A_1 von 100 auf 90 Prozent abnimmt; in den nächsten 100 km von 90 auf 10 Prozent; und in den verbleibenden 1000 km von 10 auf 0 Prozent. Dann ist es vernünftig und zweckmäßig, diese Art in zwei Rassen zu teilen, die durch das Dominieren von A_1 bzw. von A_2 gekennzeichnet sind, und die geographische Grenze zwischen den Rassen dort zu ziehen, wo die Progression steil ist.

Warum sind nun die Genhäufigkeitsgradienten an manchen Orten flach und an anderen steil? Das Ansteigen der Gradienten trifft gewöhnlich mit geographischen und umweltlichen Barrieren zusammen, die das Reisen erschweren. Reisebarrieren sind auch Barrieren für die Gendiffusion. Newman (1963) hat in einem gedankenvollen Aufsatz die menschliche Rassentaxonomie untersucht. Er kommt zu dem allgemeinen Schluß, daß »es gültige Rassen bei den Menschen gibt, aber die Biologie erst beginnt, sie angemessen zu erforschen und zu definieren ... Ich halte einige der Garnschen Rassen für wahrscheinlich gültig, andere für wahrscheinlich ungültig, während wieder andere, aus Mangel an entsprechenden Daten, in die Kategorie ›unentschieden‹ fallen.« Für gültig erklärt er Garns asiatische, afrikanische und indianische Rasse, weil sie gute Merkmalskorrelationen bei so sichtbaren Merkmalen wie Pigmentierung, Haarform und -fülle, Nasen- und Lippenform, Prominenz des Wangenknochens, Form des Augenlids und allgemeine Körpergestalt aufweisen. Europäer, Inder und Australier sind »unberechtigte Abstraktionen«, und zwar aufgrund der hohen Variabilität und Diskordanz (fehlende Korrelation) in der geographischen Verteilung vieler Merkmale. Melanesier, Polynesier und Mikronesier befinden sich in der Kategorie »unentschieden«.

Anhänger der »Keine-Rassen«-Schule fordern, man solle lieber die geographische Verteilung von Genen und Merkmalshäufigkeiten untersuchen anstatt Rassen abgrenzen zu wollen. In Wahrheit sind beide Arten von Forschung notwendig. Gen- und Merkmalsgeographie ist die Grundlage der biologischen Erscheinung der Rassevariation; Klassifizieren und Benennen sind zur Informationsspeicherung und Kommunikation unentbehrlich. Die Tatsache, daß Rassen nicht immer oder auch bloß normalerweise diskret sind und daß sie durch Zwischenpopulationen miteinander verbunden sind, ist in sich biologisch bedeutsam. Sie ist ein Anhaltspunkt dafür, daß Genfluß zwischen den Rassen nicht bloß potentiell möglich ist, sondern tatsächlich stattfindet. Genfluß zwischen Arten dagegen ist eingeschränkt oder ganz und gar unmöglich. Die Meinung, weil Rassen keine rigid fixierten Einheiten seien, gäbe es sie nicht, ist ein Rückfall in typologisches Denken von der irreführendsten Art. Das ist ungefähr so logisch, als wenn man sagt, daß es keine Städte gibt, weil das Land zwischen ihnen nicht total unbewohnt ist, oder daß Jugend und Alter nicht existieren, weil es auch die mittleren Jahre gibt.

Rassenunterschiede als Produkt natürlicher und geschlechtlicher Selektion

Vor hundert Jahren fühlte sich Darwin »außerstande bei all unseren Versuchen, die Unterschiede zwischen den menschlichen Rassen zu erklären«. Insbesondere kann die natürliche Selektion kaum herangezogen werden, weil »wir sofort auf den Einwand treffen, daß allein zuträgliche Variationen auf diese Art erhalten bleiben können; und soweit wir hier zu urteilen vermögen (obwohl in diesem Punkte stets dem Irrtum ausgesetzt), ist keiner der äußerlichen Unterschiede zwischen den Rassen des Menschen von irgendeinem direkten oder besonderen Wert für ihn«. Er setzte eher auf die geschlechtliche Selektion: »Ich für meinen Teil komme zu dem Schluß, daß von allen Ursachen, die zu den Unterschieden im äußerlichen Erscheinungsbild zwischen den menschlichen Rassen, und in gewissem Ausmaß auch zwischen Mensch und den niedereren Tieren, geführt haben, die geschlechtliche Selektion die bei weitem wirksamste war.« Von den 828 Seiten von *The Descent of Man, and Selection in Relation to Sex* beansprucht der erste Teil (»On the Descent of Man«) 250 Seiten, der zweite aber (»Sexual Selection«) mehr als das Doppelte.

Es erscheint fast unglaublich, daß hundert Jahre nach Darwin das Problem des Ursprungs rassischer Unterschiede beinahe ebenso ungelöst ist wie zu seiner Zeit. Verschiedene Umstände haben hierzu beigetragen. Der hauptsächlichste war, daß bis vor kaum einer Generation die führenden Anthropologen der Ansicht waren, daß Rassenunterschiede meistens adaptiv neutral seien, und infolgedessen wenig Mühe darauf verwandten, ihren selektiven Wert zu erforschen. Radikale Veränderungen in der menschlichen Umwelt, die durch kulturelle Entwicklungen bewirkt wurden, machten das Problem besonders schwer zugänglich; ein genetisches Merkmal kann vor einer Million Jahren eine adaptive Rolle gespielt haben, die sich völlig von seiner Rolle vor zehntausend Jahren unterschied, und diese wiederum mag ganz anders gewesen sein als heute. Und schließlich schien, aufgrund einer seltsamen Logik, die Lehre von der menschlichen Gleichheit die Möglichkeit einer differenzierten genetischen Angepaßtheit auszuschließen.

Die adaptive Bedeutung selbst eines so offensichtlichen Merkmals wie der Hautpigmentierung ist nicht völlig geklärt. Die Vorstellung, daß eine dunkle Pigmentierung gegen Sonnenbrand schützt, ist sehr alt und wird durch den Umstand plausibel gemacht, daß dunkelhäutige Rassen Bewohner der Tropen sind (oder waren), hellhäutige Rassen Bewohner gemäßigter und kalter Länder. Diese Regel ist nicht ohne Ausnahme; die Indianer von Äquatorial-Südamerika sind nicht besonders dunkel, während manche Eingeborene Nordostsibiriens zumindest ebenso dunkel wie die der Mittelmeergebiete sind. Diese Ausnahmen hat man durch die Annahme »erklärt«, die relativ hellen Menschen in den heißen Ländern und die relativ dunklen in den kalten seien rezente Einwanderer, oder die Indianer Äquatorialamerikas lebten die meiste Zeit im Urwaldschatten und nicht im Freien. Es wurde auch vermutet, die helle Haut begünstige die Vitamin-D-Synthese in Ländern mit wenig Sonnenschein, während dunkle Pigmentierungen vor zu hohen Mengen dieses Vitamins in Ländern schützen, wo sehr viel Sonne scheint. Es gibt gute Anhaltspunkte dafür, daß helle Haut leichter zu Hautkrebs aufgrund der Sonneneinwirkung neigt als dunkle. Wieder eine andere Vermutung ist, daß dunkle Hautpigmentierung die Absorption von Sonnenstrahlung dort erleichtert, »wo Energie zur Aufrechterhaltung der Körpertemperatur aufgewendet werden muß, wie z. B. in der Dämmerung in ansonsten heißen Klimata« (Hamilton und Heppner, 1967). Schließlich kann eine dunkle Hautfarbe eine Tarnfarbe für den Jäger sein, der Wild beschleicht oder Angreifern entkommen will.

Die obigen Hypothesen bezüglich der adaptiven Bedeutung der Pigmentierung widersprechen sich nicht oder schließen sich gegenseitig aus, und doch bezeugt ihre Menge, wie ungenügend unser Wissen über die adaptive Rolle selbst des auffälligsten aller menschlichen Rassenunterschiede noch ist. Eine beachtliche Reihe sorgfältiger Untersuchungen sind der Physiologie menschlicher Populationen gewidmet, die an bestimmte, besonders rigide Umwelten angepaßt sind, wie etwa die Indianer des Andenhochlandes (kalt, geringer Sauerstoffgehalt der Luft) und die arktischen Eskimos (Baker und Weiner, 1966; Baker u. a., 1967). Riggs und Sargent (1964) und andere verglichen die Reaktionen junger Männer von weißer und schwarzer Hautfarbe auf körperliche Anstrengung in feucht-heißer Umgebung. Einige statistisch gesicherte Unterschiede in der erwarteten Richtung hat man zwar gefunden, doch ist nicht auszuschließen, daß ein Teil dieser Unterschiede das Ergebnis physiologischer Anpassung an die Umwelt ist, in der die Person aufwuchs.

Rassenunterschiede im Auftreten verschiedener Blutgruppen sind schon lange eine Herausforderung an all jene gewesen, die glauben, alle Rassenunterschiede müßten durch natürliche Selektion zustandekommen. Es besteht kein Zweifel, daß bestimmte pathologische Bedingungen (z. B. Zwölffingerdarmgeschwüre) bei Trägern bestimmter Blutantigene häufiger vorkommen als bei anderen, doch ist fraglich, ob diese Korrelationen auch nur zu einem geringen Teil für die Rassenunterschiede verantwortlich sind. Versuche, die Blutgruppen mit der Resistenz gegen gewisse Infektionskrankheiten wie Pest, Pocken und Syphilis zu korrelieren, sind bisher nicht überzeugend gewesen (Übersicht bei Otten, 1967).

Geschlechtliche Selektion »hängt von dem Vorteil ab, den gewisse Individuen gegenüber anderen Individuen des gleichen Geschlechts und der gleichen Art haben, und zwar ausschließlich in bezug auf Fortpflanzung« (Darwin, 1871). Nach heutiger Auffassung ist der Unterschied zwischen natürlicher und geschlechtlicher Selektion nicht fundamental. Der Selektionskoeffizient, d. h. der Unterschied verschiedener Genotypen in der Darwinschen Tüchtigkeit, mißt die relativen Übertragungsraten von bestimmten Komponenten dieser Genotypen von Generation zu Generation. Von geringerer Bedeutung, wenn auch zweifellos nicht unwesentlich, ist, daß die unterschiedliche Genübertragung in einigen Fällen auf den größeren Paarungserfolg zurückgeht, während er in anderen Fällen durch unterschiedliche Sterblichkeit oder Fruchtbarkeit, durch raschere Entwicklung u. dgl. bedingt ist. Genetische Varianten, die durch das Gleichgewicht dieser Ursachen begünstigt werden, nehmen zu, während die nichtbegünstigten an Häufigkeit in der Population abnehmen. Verminderter Paarungserfolg kann durch größere Lebensfähigkeit oder Fruchtbarkeit ausgeglichen sein und umgekehrt.

Daß geschlechtliche Selektion im klassischen Darwinschen Sinne auch beim Menschen vorkommt, liegt auf der Hand. Obwohl in primitiven Gesellschaften praktisch jeder Gelegenheit zur Paarung und zur Erzeugung von Nachkommenschaft hat, können sozial einflußreichere und wohlhabendere Individuen nicht nur Zugang zu mehr Partnern haben, sondern sind vielleicht auch in der Lage, bessere Bedingungen zu schaffen, die die Wahrscheinlichkeit erhöhen, daß ihre Nachkommenschaft bis zur Reife überlebt. Gute Anhaltspunkte hierfür sind z. B. von Salzano u. a. (1967) und Chagnon u. a. (1970) für Xavante und Yanomama geliefert worden, zwei der überlebenden primitiven Stämme südamerikanischer Indianer. In beiden Stämmen sind, wie Salzano u. a. berichten, »die Frauen gleichmäßig dem Risiko einer Schwangerschaft ausgesetzt und pflanzen sich fast ausnahmslos fort, wohingegen sich die Männer durch eine beachtlich höhere Varianz ihrer Fortpflanzungsleistung auszeichnen«. In einem der untersuchten Stammesdörfer haben zwei Häuptlinge annähernd ein Viertel der gesamten Population gezeugt.

Einige Formen physiologischer Sterilität bei Frauen wie bei Männern sind genetisch. Die genetische Bedingtheit jener Variablen, die in technologisch fortgeschrittenen Gesellschaften Individuen zur Junggesellenschaft oder zur Fruchtbarkeit prädisponieren, ist eine andere Frage, über die verläßliche Daten fast völlig fehlen. So ist es beispielsweise eine offene Frage, ob Homosexualität eine nennenswerte genetische Komponente hat. Aber auch wenn die Existenz einer solchen genetischen Bedingtheit erwiesen wäre, so wäre ihre Aussagekraft bezüglich der Rassendifferenzierung immer noch zweifelhaft. Genetisch verursachte partielle oder vollständige Sterilität – bei Drosophilafliegen besser bekannt als in menschlichen Populationen (s. Marinkovic, 1967) – ist Teil der verborgenen genetischen Bürde; wenn die Bestandteile dieser Bürde zutage treten, geraten sie unter die Kontrolle der normalisierenden natürlichen Selektion. Normalisierende Selektion kann schwerlich nennenswerte Rassendifferenzierungen bewirken. Was uns interessiert, ist, in welchem Umfang die rassische Divergenz von Populationen durch gerichtete Selektion bewirkt wird, sei sie nun geschlechtlicher oder natürlicher Art (Dobzhansky, 1970). Man möchte, mit anderen Worten, nicht nur wissen, ob ein gegebenes genetisches Merkmal durch Selektion beeinflußt ist, sondern auch – und das ist das schwierigere Problem –, warum in verschiedenen Populationen verschiedene Varianten dieses Merkmals bevorzugt werden. Der gegenwärtige Stand der Erkenntnis auf diesem Gebiet ist noch ganz unbefriedigend.

Die Gene jener beiden Xavante-Häuptlinge, die ein Viertel ihrer Dorfbevölkerung gezeugt haben, wurden in dieser Population häufiger als die Gene von weniger prestigereichen Dorfbewohnern. Es sei angemerkt, daß dies sowohl für die Gene gilt, die vielleicht den Zugang zur Häuptlingsschaft erleichtern, wie auch von jenen, die in dieser Hinsicht ganz irrelevant sind. Jeder Häuptling hat, wie jedes andere Individuum auch, eine Genkonstellation, die von der anderer Häuptlinge oder anderer Individuen etwas verschieden ist. Die Populationen von Dörfern mit außergewöhnlich fruchtbaren Individuen werden aus diesem Grunde voneinander genetisch differenziert. Das ist bei den Xavante und Yanomama von den genannten Autoren beobachtet worden, bei australischen Ureinwohnern von Birdsell (1972). Eine solche Differenzierung trifft man nicht nur bei primitiven Stämmen an. Glass (1954) und Steinberg u. a. (1967) beobachteten sie auch in bestimmten religiösen Isolaten Nordamerikas; obwohl diese Menschen vermutlich strenge Monogamie treiben, treten doch unvermeidlich Variationen in der Anzahl der Kinder pro Familie auf. Im Laufe der Zeit summieren sich diese Variationen zu einer Diversifizierung der Genhäufigkeiten, d. h. zu einer beginnenden rassischen Verschiedenheit. Im Gegensatz zur Selektion, die ein gerichteter und deterministischer Prozeß ist, haben wir es hier mit stochastischen oder zufälligen genetischen Prozessen zu tun. »Zufällige genetische Drift«, »Zufallswirkung«, »nicht-darwinistische Evolution« – das sind ein paar der Bezeichnungen, die man diesen Prozessen gegeben hat. Können sie die Entstehung der Rassenunterschiede beim Menschen und in anderen Arten erklären helfen? Durch natürliche Selektion induzierte Rassenunterschiede haben biologisch einen ganz anderen Sinn als durch Zufallswirkung induzierte. Natürliche Selektion macht die Populationen an verschiedene Umwelten unterschiedlich angepaßt. Mit anderen Worten, Rassenunterschiede, die durch Selektion entstanden, sind – oder waren zu einer bestimmten Zeit – dem Leben unter irgendwelchen verschiedenen Umständen angepaßt. Bei Unterschieden, die auf Drift beruhen, braucht dies nicht notwendig der Fall zu sein. Zumindest anfänglich können die Populationen adaptiv durchaus gleichwertig sein. Gewiß kann sich die Selektion auch auf ursprünglich neutrale Unterschiede auswirken und sie zu Teilen von adaptiv integrierten hereditären Anlagen machen. Selektion und Drift können im Verlaufe der Evolution Hand in Hand gehen.

Die Bedeutung, die man stochastischen versus deterministischen Prozessen in der Evolution beimaß, unterlag einer interessanten Kreisbewegung. Es wäre unangebracht, auf dieses Thema hier im einzelnen einzugehen, doch eine kurze Zusammenfassung ist am Platz. Das Prestige der natürlichen Selektion als einem Agens der Evolution erreichte einen Tiefpunkt zu Anfang unseres Jahrhunderts, als die Genetik um die Formulierung ihrer Grundbegriffe rang. Zwischen 1926 und 1932 gelangten Tschetwerikow, Fisher, Haldane und Wright – weithin unabhängig voneinander – zur biologischen oder synthetischen Theorie der Evolution, in der die deterministischen Prozesse als grundlegend gelten. Wright erkannte jedoch auch die Bedeutung zufälliger »genetischer Drift«, auch »Sewall-Wright-Prinzip« genannt. Er betrachtete dieses Prinzip nicht, wie ihm von manchen Autoren irrtümlich vorgeworfen wurde, als Alternative oder Ersatz der natürlichen Selektion, sondern als eine Triebkraft, deren Interaktionen mit der natürlichen Selektion bedeutsame evolutionäre Konsequenzen haben.

Einige Autoren, zumeist keine Genetiker, versuchten, zufällige genetische Drift als Erklärung für den Ursprung all jener Unterschiede zwischen Organismen zu gebrauchen, denen sie nicht ohne weiteres Überlebenswert zuschreiben konnten. Rassenunterschiede beim Menschen fallen in diese Kategorie. In heuristischer Hinsicht war das ein taktischer Fehler. Um die Auswirkungen eines Merkmals auf die Darwinsche Tüchtigkeit seiner Träger zu erforschen, ist es zweckmäßiger, von der Arbeitshypothese auszugehen, daß dieses Merkmal solche Auswirkungen hat. Ein Gegenschlag gegen diesen Irrtum machte sich in den vierziger, fünfziger und frühen sechziger Jahren geltend. Obwohl sich die theoretische Möglichkeit einer Zufallsdrift nicht leugnen ließ, erklärte man deren Rolle in natürlichen Populationen, und damit in der Evolution, für unbedeutend. Heute ist das Pendel wieder zurückgeschlagen. King und Jukes (1969) publizierten ihre provozierende Arbeit über nicht-darwinistische Evolution, und Kimura und Crow (1969) sowie Kimura und Ohta (1969) haben aus ganz verschiedenen Gründen behauptet, daß die meisten mutationsbedingten Veränderungen keine Auswirkungen auf die Tüchtigkeit hätten und sich daher auf einem »Zufallsweg« im Gen-Pool der Population befinden müßten. Nicht-darwinistische Evolution ist heute sehr in Mode, vor allem unter Molekularbiologen.

King und Jukes bezeichneten ihre Theorie als nicht-darwinistisch, weil sie postuliert, daß viele, wenn nicht die meisten, evolutionären Veränderungen nicht das Produkt der natürlichen Selektion sind. Die Bezeichnung läßt anderthalb Jahrhunderte Biologiegeschichte außer acht, die bereits mehrere nicht-darwinistische, d. h. nicht-selektionistische Evolutionstheorien gesehen hat. Um nur einige zu nennen: den Lamarckismus von Lamarck und den der Lamarckianer um 1900 (wobei es sich nicht um ein und dieselbe Theorie handelt), die Orthogenese von Eimer, die Nomogenese von Berg, die Aristogenese von Osborn sowie einige ausgesprochen vitalistische Vorstellungen. Darwin selber war zum Teil kein Darwinist, weil er (fälschlicherweise, wie wir meinen) die Vererbung erworbener Modifikationen für einen wesentlichen Zusatz zur natürlichen Selektion hielt. Außerdem schrieb er in der *Entstehung der Arten:* »Variationen, die weder nützlich noch schädlich sind, möchten von der natürlichen Selektion nicht betroffen sein und ein fluktuierendes Element bleiben, wie wir dies vielleicht in den sogenannten polymorphen Arten sehen.« Eine bessere Vorwegnahme des modernen Nicht-Darwinismus kann man sich kaum denken.

Welches sind nun die Argumente, die für den Zufall als wesentlicher Quelle von evolutionären Veränderungen sprechen? Kurz gesagt, King und Jukes legen dar, daß aufgrund der Degeneration (Redundanz) des genetischen Codes etwa ein Viertel der Basensubstitutionen in den DNA-RNA-Ketten dieselbe Aminosäure ergibt und somit das vom Gen codierte Protein unverändert läßt. Die relative Häufigkeit der 20 Aminosäuren in verschiedenen Proteinen verschiedener Organismen stimmt – mit der auffallenden Ausnahme des Arginin – mit der statistischen Erwartung überein, die auf der Annahme von Zufallspermutationen der Nucleotide in der DNA beruht. Der Vergleich homologer Proteine in unterschiedlichen Organismen ergibt eine unterschiedliche Anzahl von Aminosäuresubstitutionen, wobei die jeweilige Anzahl angeblich proportional der Zeit ist, die seit der Aufspaltung derjenigen phylogenetischen Linien verstrichen ist, die zu den in der Paläontologie verglichenen Organismen führen. Dies wird so interpretiert, daß die Aminosäure- und Nucleotidsubstitutionen in gleichförmigen Raten in der Zeit auftreten, wie man dies erwarten kann, wenn sie durch Zufall, und nicht unter der Kontrolle der natürlichen Selektion auftreten.

Zum Leidwesen für diese Theorie sind die Veränderungsraten für verschiedene Proteine deutlich verschieden; einige Proteine erhalten sich ihre Aminosäuresequenzen hartnäckiger als andere. Das kann bedeuten, daß die Nucleotidsequenzen in einigen Genen mutabler sind als in anderen. Bei weitem plausibler ist, daß die natürliche Selektion die meisten Mutationen in einigen Genen hemmt, bei anderen Genen dagegen duldsamer ist. Detailliertere Vergleiche von homologen Proteinen, wie Cytochrom c oder Hämoglobin, zeigen, daß gewisse Teile der

Moleküle in ganz verschiedenen Organismen konstant sind, vermutlich weil sie für irgendwelche physiologischen Funktionen dieser Proteine wesentlich sind. Es wurden interessante Versuche gemacht, die Zahl der Veränderungen in anderen Teilen derselben Moleküle mit Erwartungen aufgrund der Poisson-Reihe zur Deckung zu bringen, d. h. der Annahme, daß diese Veränderungen durch Zufall, unkontrolliert von der natürlichen Selektion, fixiert werden. Man hat die Resultate als Bestätigung der Hypothese von der Zufallsfixierung interpretiert, doch ist meines Erachtens die Möglichkeit, daß sie auf Selektion zurückgehen, nicht eliminiert worden. Es kann jede Menge von Wahrscheinlichkeit geben, daß die Substitutionen der Aminosäuren an verschiedenen Positionen durch natürliche Selektion akzeptiert und gefördert werden. Da Veränderungen, die offensichtlich nicht in die Poisson-Reihe passen, bewußt unberücksichtigt gelassen werden, kann das Passen des Restes untriftig sein.

Genveränderungen, die als Rassencharakteristika wahrgenommen werden, sind offenbar jene, die zumindest einige sichtbare, phänotypisch auffindbare Wirkungen hervorbringen. Veränderungen, die die Genprodukte nicht alterieren, sind für das gegenwärtige Problem kaum relevant, so interessant sie auch in anderen Zusammenhängen sein mögen. Natürlich können manche der phänotypisch auffindbaren Veränderungen hinsichtlich der Tüchtigkeit auch neutral sein und repräsentieren dann das von Darwin postulierte »fluktuierende Element«. Ihre Häufigkeit unterliegt dann zufälliger genetischer Drift. Sehr lange Zeiträume und viele Generationen vorausgesetzt, werden sich einige der Veränderungen in manchen Populationen fixieren, in manchen verlieren, in wieder anderen werden sie weiterhin fluktuieren. Die Frage ist nur, ob die Zeitintervalle, die man annehmen muß, nicht unzulässig lang sind. Kimura und Ohta (1969) haben nachgewiesen, daß die durchschnittliche Anzahl der Generationen, die zwischen dem Urspung und der Fixierung eines adaptiv neutralen, mutierten Gens vergehen muß, nahe 4 *Ne* ist, wobei *Ne* die genetisch effektive Populationsgröße ist.

Um die Möglichkeit beurteilen zu können, daß zufällige genetische Drift für Rassenunterschiede verantwortlich war, müßte man zumindest die Größenordnung von *Ne* auf verschiedenen Stufen der menschlichen Evolution kennen. Zuverlässige Daten hierüber fehlen leider. Horden, Stämme, Clans, ja ganze Nationen mußten vielleicht durch Hungersnöte, Epidemien, Kriege und andere Unglücksfälle eine Reduktion ihrer Zahl auf wenige Individuen hinnehmen, um dann bei glücklicheren Umständen wieder an Zahl zuzunehmen. Ein Stamm kann sich spalten oder kleine Gruppen aus sich entlassen, die dann fortziehen und einen neuen, eigenen Stamm gründen. Die absolute wie auch die effektive Größe der Gründerpopulationen mag bei zehn oder noch weniger Individuen liegen. Die Vielfalt der genetischen Drift (d. h. eher einmalige oder wiederholte Reduktionen als kontinuierlich kleine effektive Populationen) mag sehr wohl für die genetischen Unterschiede zwischen den Stämmen verantwortlich sein, wofür Beispiele bereits gegeben wurden.

Daß die 9 Hauptrassen oder, in diesem Zusammenhang, die 32 Lokalrassen in Garns Klassifikation durch Zufallswirkung entstanden sein könnten, ist unwahrscheinlich. Obwohl Alles-oder-nichts-Unterschiede zwischen menschlichen Rassen selten sind, sind die Genhäufigkeits-Unterschiede oft beträchtlich und, was wichtiger ist, betreffen viele Gene. Selbst wenn man davon ausginge, daß die indianische, asiatische, europäische, afrikanische und andere Rassen von jeweils einem einzigen Paar von Stammeltern abstammen, so könnten doch diese rassischen Adam-und-Evas nicht aus ein und derselben Population stammen.

Die genetische Divergenz muß ein allmählicher Prozeß gewesen sein; soweit die sich entwickelnden Rassen in verschiedenen Kontinenten und Umwelten lebten, hatte die natürliche Selektion breite Möglichkeiten, Gene zu fördern, die die menschlichen Populationen an die unterschiedlichen Lebensbedingungen anpaßten. Inwieweit könnte auf dieser Stufe Differenzierung in neutralen genetischen Merkmalen aufgetreten sein? Die effektiven Populationen der Primordialrassen müssen nach Hunderttausenden oder Millionen gezählt haben, während die Durchschnittslänge einer Generation kaum weniger als 20 Jahre betrug. Die zwischen Ursprung und Fixierung einer neutralen genetischen Variante verstreichende Zeit wäre dann 80 *Ne*, in Millionen oder Zehnmillionen von Jahren. Jeder Genaustausch zwischen den divergierenden Rassen müßte die Zeit enorm verlängern oder unendlich machen. Dabei handelt es sich, wie oben angedeutet, um Zeitschätzungen vom Ursprung einer genetischen Variante bis zu ihrer Fixierung in einer Population. Wenn sich Rassen lediglich in der relativen Häufigkeit bestimmter Allele unterscheiden, die hinsichtlich ihrer Auswirkung neutral sind, könnten sich solche Unterschiede schneller ausprägen.

Sind Menschenrassen in genetischer Hinsicht an unterschiedliche Lebensweisen angepaßt?

Die Art »Menschheit« ist, wie viele, möglicherweise sogar die meisten Tier- und Pflanzenarten, in genetischer Hinsicht in einige Hauptrassen (Unterarten), kleinere Rassen und Lokalpopulationen verschiedener Ordnung differenziert. Da der Mensch die einzige Tierart ist, die Kultur besitzt, sind gewisse Arten der Differenzierung nur ihm zu eigen – sprachliche, religiöse und sozioökonomischen Isolate, von denen nicht alle genetisch identisch zu sein brauchen. Wie oben ausgeführt wurde, ist diese genetische Differenzierung überwiegend oder völlig eher quantitativer als qualitativer Art. Rassisch distinkte Populationen des *Homo sapiens* unterscheiden sich im allgemeinen eher in der Häufigkeit variabler Gene, als daß die eine Rasse eine Genvariante zu 100 Prozent aufweist, die einer andern Rasse völlig fehlt. Die genetischen Unterschiede zwischen menschlichen Rassen dürfen daher als relativ geringfügig gelten; in vielen Tierarten haben sich die Rassen genetisch viel weiter auseinanderentwickelt und sind nahe daran, abgeleitete unabhängige Arten zu werden.

Alle Menschen sind genetisch »Brüder unter der Haut«. Trotzdem ist es legitim zu erforschen, in welchem Umfange sich genetische Unterschiede zwischen Populationen in ihrer Gesundheit, ihren bevorzugten Umwelten sowie in der Fähigkeit zu mentaler Entwicklung und der Angehörigkeit zu verschiedenen Kulturen widerspiegeln. Was ist die biologische, evolutionäre Funktion von Rassenbildung in der Welt des Lebendigen als ganzer? Es ist die unterschiedliche Angepaßtheit von Untergliederungen einer Art an das Leben unter unterschiedlichen geographischen und ökologischen Umständen. Gilt dies auch für menschliche Rassen?

Wir haben die Rolle der natürlichen Selektion und der zufälligen genetischen Drift bei der Entstehung von Rassenunterschieden diskutiert. Durch Selektion induzierte Unterschiede machen die Population in manchen Dingen adaptiv verschieden, zumindest dort und dann, wo der Selektionsprozeß wirksam wird. Die Zufallsdrift mag man in erster Annäherung als »Geräusch« bei evolutionären Adaptionsprozessen betrachten. Es ist sehr wahrscheinlich, daß die Rassendifferenzierung beim Menschen weder durch Selektion allein noch durch Drift allein, sondern durch Interaktion dieser Evolutionsfaktoren entstand. Trotzdem wäre es natürlich tollkühn, eine Aufteilung der Rassenunterschiede in adaptiv sinnvolle und adaptiv neutrale vornehmen zu wollen.

Man muß die Möglichkeit in Betracht ziehen, daß genetische Unterschiede zwischen Rassen und Populationen in der Vergangenheit adaptiv waren, aber heute neutral sind. Sie mögen als Reaktion auf die Umwelten, in denen die Populationen lebten, durch natürliche Selektion induziert worden sein. Aber menschliche Umwelten verändern sich radikal, weil die Menschen verschiedenen Lebensweisen anhängen, besonders aber aufgrund von kulturellen und technologischen Innovationen. In veränderten Umwelten wirkt sich die Selektion vielleicht anders oder nicht mehr effektiv aus. Die Unterschiede in der Hautfarbe sind hierfür ein gutes Beispiel. Wie oben gezeigt wurde, ist es sehr wahrscheinlich, daß die Hautpigmentierung durch natürliche Selektion an die klimatischen Besonderheiten jener Gebiete angepaßt wurde, in denen sich die menschlichen Rassen gebildet haben. Aber welche adaptive Bedeutung hat die Hautpigmentierung heute noch, wo die meisten Menschen ihre Körperoberfläche durch Kleider bedecken und in Wohnungen anstatt im Freien leben? Es kann recht gut sein, daß die Hautpigmentierung für die meisten Menschen heute eine adaptiv neutrale Eigenschaft ist.

Andere Beispiele für sich ändernden Selektionsdruck findet man in der genetischen Abwehr gegen Infektionskrankheiten. Solche genetischen Abwehrmechanismen wurden in Gebieten zu Rassenmerkmalen, in denen eine gegebene Infektionskrankheit allgemein verbreitet ist. Ein klassisches Beispiel ist das Gen für die sichelförmige rote Blutzelle (Hämoglobin S). Obwohl dieses Gen zu einer tödlichen Anämie führt, wenn es homozygot ist, bleiben die heterozygoten Träger nicht nur am Leben, sondern sind auch relativ geschützt gegen einige tropische Formen von Malariafieber. Das Gen fehlt in Ländern, in denen dieses Fieber nicht vorkommt, erreicht jedoch hohe Häufigkeiten (bis zu 30 Prozent) bei einigen Populationen des tropischen Afrika, die Malariainfektionen ausgesetzt sind. Hier haben wir also ein Rassenmerkmal, das durch natürliche Selektion als Überlebenshilfe in malariagefährdeten Umwelten beibehalten wurde. Nachdem die Malaria unter Kontrolle gebracht wurde und vielleicht vor der Ausrottung steht, hat das S-Gen seine adaptive Funktion verloren. Natürlich war niemals eine Population für dieses

Gen homozygot, da dies tödlich ist; wenn Malaria nicht auftritt, ist es bestenfalls neutral oder nur leicht schädlich, wenn es heterozygot ist. Die Häufigkeit dieses Gens nimmt ab, am Ende mag es bereits gänzlich eliminiert sein.

Bei weitem die größte Aufmerksamkeit und auch gewisse heftige emotionelle Reaktionen erregen Untersuchungen über mögliche Rassenunterschiede in geistigen Merkmalen, vor allem in der sogenannten »Intelligenz«. Sind alle Menschen aller rassischen Ursprünge gleich geboren, oder sind einige in sich überlegen, andere unterlegen? Im ersten Kapitel dieses Buches wurden Argumente dafür präsentiert, daß die durch »Intelligenz«-Untersuchungen an menschlichen Rassen entfesselten Emotionen auf ein reines Mißverständnis zurückgehen. Wir brauchen die wesentlichen Argumente nur zu wiederholen. Gleichheit darf nicht mit biologischer Identität verwechselt werden, genetische Verschiedenheit nicht mit Ungleichheit. Menschliche Gleichheit oder Ungleichheit enthalten keine Aussagen über beobachtbare biologische Bedingungen. Sie sind eine von Gesellschaften verfolgte Politik, ein ethischer Grundsatz, ein religiöses Gebot.

Man kann die Menschen gleich vor dem Gesetz machen, man kann Chancengleichheit fördern oder garantieren, die Würde aller Menschen anerkennen und alle Menschen als Söhne und Töchter Gottes betrachten. Um gleich zu sein, müssen die Menschen keine identischen Zwillinge sein, d. h. sie brauchen nicht genetisch gleich zu sein. Und umgekehrt: Gleichgültig, wie ähnlich oder verschieden sie in genetischer Hinsicht sind, kann man Individuen ungleich behandeln, als Herren und Diener, sozial Bessere und Schlechtere, Aristokraten und Plebejer. Es gibt keinen Grund, warum eineiige Zwillinge notwendig sozial gleich sein müßten, auch wenn sie einander genetisch so ähnlich sind wie nur möglich. Die Menschen können von der Gesellschaft, in der sie leben, gleich oder ungleich gemacht werden; sie können aber nicht genetisch oder biologisch identisch gemacht werden, selbst wenn dies zu wünschen wäre. Prinzipiell verträgt sich die menschliche Verschiedenheit ebenso gut mit Gleichheit wie mit Ungleichheit.

Zwei beliebige menschliche Individuen – ausgenommen identische Zwillinge – tragen verschiedene Gensätze. Das ist seit jeher von Verfechtern der sozialen Ungleichheit unterstrichen worden, während die Vertreter der Gleichheit es herunterspielten. Eigentlich müßte es umgekehrt sein – Gleichheit ist nur deshalb sinnvoll, weil die Menschen nicht identisch sind. Wie die Krankheit, deutet die genetische Lotterie nicht auf die soziale Stellung oder Ranghöhe der Eltern. Dank der Genrekombination in der Nachkommenschaft hoch heterozygoter Individuen werden genetisch gut und schlecht ausgestattete Kinder von Eltern geboren, die das eine oder das andere sind. Hiermit wird nicht die Existenz von einigen positiven Korrelationen zwischen den Erbanlagen der Eltern und denen der Kinder geleugnet. Die Tatsache, daß diese Korrelationen alles andere als vollständig sind, ist jedoch sozial und ethisch nicht weniger bedeutsam als die Tatsache, daß Korrelationen bestehen.

Soviel als Überleitung zu der eigentlichen Frage: Gibt es unanfechtbare Hinweise auf genetische Unterschiede zwischen menschlichen Populationen, etwa Haupt- und Unterrassen, bezüglich geistiger Merkmale und besonders bezüglich der Fähigkeit zu intellektueller Entwicklung? Die Literatur über diesen Gegenstand ist ebenso furchteinflößend im Umfang, wie sie unkritisch und unzuverlässig ist. Das meiste davon befaßt sich mit einem angeblich einzigen Merkmal, dem IQ, der sich in Wirklichkeit aus mehreren Fähigkeiten zusammensetzt, die sehr wohl in unterschiedlichem Grade voneinander genetisch unabhängig sein könnten. Ferner ist nur eine kleine Minderheit von Rassen erforscht worden, wohl aufgrund unüberwindlicher Schwierigkeiten beim Entwerfen von Intelligenztests, die auch Menschen gerecht werden, die verschiedene Sprachen sprechen und in verschiedenen kulturellen Traditionen aufgewachsen sind. Ob sich solche kultur-freie oder kultur-gerechte Tests konstruieren lassen, ist eine offene Frage, aber es steht fest, daß die vorhandenen Tests diesen Anspruch in unterschiedlichem Grade verfehlen. Es besteht stets die Gefahr, daß die Testkonstrukteure in ihre Tests ein Vorurteil zugunsten der Rasse, sozialen Klasse, Kultur und Subkultur hineinbringen, der sie selber angehören. Ein fairer Vergleich wird immer weniger möglich, je mehr die getesteten Gruppen sich bezüglich ihres sozioökonomischen, sprachlichen, traditionsmäßigen und einstellungsmäßigen Hintergrundes voneinander unterscheiden. Es sind Versuche unternommen worden, diese Fehlerquellen zu korrigieren, aber nur mit bescheidenem Erfolg.

Die bei weitem größte Zahl von Untersuchungen befaßt sich mit nur zwei Populationsgruppen – den Schwarzen und den Weißen in den Vereinigten Staaten. Der sog. Coleman-Report (1966) bildet insofern eine Ausnahme, als er auch IQ-Statistiken für amerikanische Indianer, Puertorikaner, Mexiko-Amerikaner und für orientalische Populationen berücksichtigt, die in den Vereinigten Staaten leben. Die Fülle der Arbeiten, die die Ergebnisse der IQ-Tests von Weißen und Schwarzen vergleichen, ist von Shuey (1966) unkritisch zusammengestellt und von Jensen (1969) analysiert worden. Es besteht kein Zweifel, daß die durchschnittlichen IQ-Werte der Schwarzen tendenziell niedriger als die der Weißen sind. Die Mittelwerte für jede Rasse variieren in verschiedenen Teilen des Landes, was offenbar von den sozioökonomischen und den Bildungschancen der Bewohner verschiedener Staaten abhängt. In einigen Nordstaaten haben die Schwarzen höhere Mittelwerte erzielt als die Weißen in einigen Südstaaten. In den meisten Fällen jedoch stellt man fest, daß der schwarze Mittelwert 10 bis 20 IQ-Punkte unter dem weißen liegt. Jensen hält 15 Punkte für eine faire Schätzung der Durchschnittsdifferenz. Zufällig liegt die Standardabweichung (Quadratwurzel der Varianz) für die weißen Populationen ebenfalls nahe bei 15 Punkten. Selbstverständlich überlappen sich die schwarzen und weißen Verteilungen, und etwa 15 Prozent der individuellen Schwarzen rangieren über dem weißen Durchschnitt, während umgekehrt viele Weiße unter dem schwarzen Durchschnitt liegen. Laut Coleman-Report rangieren die Indianer, Puertorikaner und Mexiko-Amerikaner zwischen Schwarzen und Weißen, während die Orientalen mit den Weißen im mittleren IQ-Wert etwa gleich sind (die Datenmenge über diese »ethnischen« Populationen ist ein kleiner Bruchteil derjenigen über Schwarze und Weiße).

Das Schlüsselproblem lautet natürlich: Woher kommt der beobachtete Unterschied der IQ-Mittelwerte von Schwarzen und Weißen? Dieses Problem hat große Polemiken provoziert, die sich allem Anschein nach nicht so bald legen werden. Wie im ersten Kapitel dieses Buches gezeigt, haben Unterschiede in den IQ-Werten von Individuen innerhalb einer Population eine beeindruckend hohe Heritabilität, die von Jensen auf etwa 0,8 (80 Prozent) geschätzt wird. Rassisten haben diese Zahl als Beweis rassischer Über- bzw. Unterlegenheit genommen, wobei sie argumentierten, daß wegen der hohen Erblichkeit der IQ-Variationen Unterschiede des IQ-Durchschnitts zwischen den Rassen fixiert und unwiderruflich seien. Das ist zweifellos nicht erwiesen und nicht überzeugend.

Jensen (1969) ist sich deutlich der Tatsache bewußt, daß uns eine Erblichkeitsschätzung für *intra*populationale Variabilität nicht unbedingt etwas über die Größe der genetischen Komponente an einer *inter*populationalen Differenz der Mittelwerte sagt. Umwelten, in denen rassische Gruppen im gleichen Land oder Staat leben, sind bemerkenswert und oft drastisch verschieden. Selbst wenn die intrapopulationale Heritabilität 100 Prozent betrüge, könnten die interrassischen Unterschiede vollständig umweltbedingt sein. Trotzdem führt Jensen aus – und wie ich meine, mit Recht –, daß es nicht richtig ist, die interrassischen Unterschiede der IQ-Durchschnitte undefinierbaren Umweltunterschieden zuzuschreiben. Für interpopulationale wie auch für intrapopulationale Unterschiede im mittleren IQ müßte man genau spezifizieren können, welche Umweltfaktoren eine bestimmte Wirkung hervorbringen. Jensen verweist auf Untersuchungen, in denen versucht wurde, die Umwelten der Schwarzen und der Weißen dadurch gleichzusetzen, daß man Bevölkerungsstichproben von angeblich gleichen sozioökonomischem Status verglich. Bei diesem Vorgehen verringern sich die Unterschiede der IQ-Durchschnitte, verschwinden aber nicht völlig. Jensen erblickt hierin einen Hinweis auf eine starke genetische Komponente in den Unterschieden zwischen schwarzen und weißen Populationen.

Bodmer und Cavalli-Sforza (1970) demonstrierten, neben anderen, die Unzulänglichkeit einer Angleichung des sozioökonomischen Status, in der Absicht, die Gesamtumwelten, in denen die Rassen leben, gleichzusetzen. Sie sagen:

»Es ist jedoch schwer zu sehen, auf welche Weise der Status von Schwarzen und Weißen verglichen werden kann. Die schiere Existenz einer Rassenschichtung, die mit einer relativen sozioökonomischen Benachteiligung korreliert, macht diesen Vergleich suspekt. Es ist bekannt, daß schwarze Schulen im allgemeinen weniger gut als weiße Schulen sind, so daß eine gleiche Anzahl von Schuljahren sicherlich nicht das gleiche Maß an Schulbildung bedeutet. Auf der Ebene des Berufs muß in jeder Berufsklasse eine breite Variation vorhanden sein. Man würde also sicherlich erwarten, daß auch bei gleichwertigen Berufsklassen das schwarze Niveau im Durchschnitt niedriger ist als das weiße. Keine Summe Geldes kann einem Schwarzen den Weg in die privilegierte weiße Oberklasse erkaufen, mehr als 200 Jahre akkumulierter Rassenvorurteile auf seiten der Weißen ungeschehen machen oder die gespaltene schwarze Familie wiederherstellen, wie sie teilweise noch aus den Tagen der Sklaverei kulturell ererbt ist. Man kann unmöglich die Vorstellung akzeptieren, daß eine Statusangleichung eine adäquate oder auch nur wesentliche Kontrolle über wichtigste umweltliche Unterschiede zwischen Schwarzen und Weißen gestattet.«

Man kann nur zu dem Schluß kommen, daß der Grad, in dem Unterschiede der IQs zwischen Rassen genetisch bedingt sind, gegenwärtig noch ein ungelöstes Problem ist. Ich stimme ganz mit Bodmer und Cavalli-Sforza überein: »Wir schließen keineswegs die Möglichkeit aus, daß eine genetische Komponente am Mittelwertunterschied des IQ zwischen Rassen beteiligt sein könnte. Wir halten nur fest, daß die gegenwärtig verfügbaren Daten nicht dazu angetan sind, diese Frage in der einen oder anderen Richtung zu entscheiden.« Nehmen wir um des Arguments willen an, ein gewisser Teil der Durchschnittsdifferenz der IQs von Schwarzen und Weißen sei genetisch bedingt. Würde daraus folgen, daß die Schwarzen eine schlechtere, die Weißen eine bessere Rasse sind? Wäre es eine Rechtfertigung der Rassisten in Alabama, Südafrika und anderswo? Sicherlich nicht. Zwei grundlegende Fakten widerlegen die Rassisten: die breite Überlappung der Variabilitätskurven für IQs und andere menschliche Fähigkeiten und die universale Erziehbarkeit und damit Verbesserungsfähigkeit, wie immer man diese auch definieren mag.

In diesem Sinne dürfen wir Darwin (1871) beipflichten: »Obwohl sich die bestehenden Rassen des Menschen in vieler Hinsicht voneinander unterscheiden, ... stellt man doch bei Berücksichtigung ihrer Gesamtorganisation fest, daß sie sich in einer Menge von Punkten sehr ähneln. ... Das gleiche gilt in eben solchem oder noch stärkerem Maße hinsichtlich der zahlreichen Punkte geistiger Übereinstimmung zwischen den verschiedensten Menschenrassen. Die amerikanischen Ureinwohner, die Neger und die Europäer sind geistig voneinander so verschieden, wie es drei Rassen nur sein können; und doch fesselten mich sogleich, als ich mit den Feuerländern an Bord der »Beagle« lebte, die vielen kleinen Charakterzüge, die zeigten, wie ähnlich ihr Geist dem unseren ist; und so war es denn auch einst ein reinrassiger Neger, mit dem mich die engste Freundschaft verband.«

Abschließend ist auf ein Argument einzugehen, das um so irreführender ist, als es oberflächlich betrachtet so plausibel erscheint. Rassen von Tier- und Pflanzenarten, sowohl von freilebenden wie von domestizierten Formen, entwickeln eine differenzierte Anpassung an die Umwelt, in der sie leben, bzw. an die Tätigkeit, für die sie verwendet werden. Insbesondere Haustierzuchten differieren oft sehr schlagend in ihrem strukturellen wie in ihren Verhaltenseigenschaften.

Man denke an die zahlreichen verschiedenen Hundezüchtungen, von denen viele auf unterschiedliche Zwecke abgerichtet sind und ein ihren Aufgaben entsprechendes Verhalten zeigen. So lernen Hirtenhunde, auf Schafe und Vieh aufzupassen, Spürhunde und Hühnerhunde, Wild aufzuspüren, Jagdhunde werden zur Verfolgung, Terrier zum Angreifen eingesetzt, und Schoßhunde leisten dem Menschen Gesellschaft. Es besteht kein Zweifel, daß diese verschiedenen Verhaltensformen genetisch bedingt sind, obwohl gleichzeitig nicht nur Hunde, sondern auch deren wilde Vorfahren, die Wölfe, die Fähigkeit besitzen, unterschiedlich abgerichtet zu werden und ihr Verhalten entsprechend zu ändern (Scott und Fuller, 1965; Scott, 1968; Woolpy und Ginsburg, 1967). Wenn das Verhalten von Hundezüchtungen und von Züchtungen anderer domestizierter Arten sehr stark genetisch bedingt ist, warum sollten dann nicht auch Menschenrassen dieser Regel folgen? Selbst hervorragende Genetiker, die es eigentlich hätten besser wissen sollen, haben sich von dieser Argumentation in die Irre führen lassen (z. B. Darlington, 1969, 1972). Moderne, technologisch fortgeschrittene Gesellschaften sind von einer Minderheit erfunden und errichtet worden. Es ist anzunehmen, daß weniger qualifizierte Gruppen nicht die hinreichende genetische Eignung besitzen, diese fortgeschrittenen

Gesellschaften zu schaffen und zu handhaben, und auch nicht, deren Mitglieder zu sein.

Diese Argumentation ist deshalb trügerisch, weil sie nicht das einzigartige und fundamentale Merkmal der menschlichen Evolution in Betracht zieht (Dobzhansky, 1962, 1972). Der gravierende Unterschied zwischen der Menschheit und allen übrigen Formen des Lebens ist der, daß die Anpassung des Menschen primär von seiner kulturellen, nicht seiner genetischen Vererbung abhängt. Kultur wird von jedem einzelnen Individuum durch Lernen erworben und wird durch Belehrung weitergegeben, hauptsächlich, wenn auch nicht ausschließlich, mit Hilfe einer Sprache, die aus sozial vereinbarten Symbolen besteht. Um sich neuen Umwelten anzupassen, verändert die Menschheit vornehmlich die kulturelle Vererbung und nicht ihre Gene, wie dies andere Organismen tun. Natürlich sind Gene und Kultur nicht unabhängig voneinander, sondern interdependent. Es liegt an seinem Erbgut, daß der Mensch fähig ist, in Symbolen, Abstraktionen und Verallgemeinerungen zu denken. Das Potential der kulturellen Evolution, die ausschließlich menschlich ist, hat sich durch die Evolution seines Gen-Pools entwickelt. Aber der Inhalt seines Gen-Pools determiniert nicht den Inhalt seiner Kultur. Um es in einem Bild zu sagen: Gene befähigen den Menschen zum Sprechen, doch entscheiden sie nicht darüber, was er nun bei einer bestimmten Gelegenheit im einzelnen sagen soll.

Die grundlegende und einzigartige Fähigkeit des Menschen ist seine genetisch verankerte Erziehbarkeit mittels symbolischer Sprache. Diese Erziehbarkeit ist ein Artmerkmal, das allen Rassen und allen nichtpathologischen Individuen zukommt. Seine Universalität ist nicht erstaunlicher als der Umstand, daß bei allen Menschen Körpertemperatur und pH des Blutes nur in engen Grenzen variieren. Erziehbarkeit und symbolische Sprache wurden zu universellen menschlichen Merkmalen, weil Überleben und Erfolg in den vom Menschen erschaffenen Umwelten vom Besitz dieser Merkmale abhingen. Bei keiner anderen wilden oder domestizierten Tierart kam etwas Vergleichbares vor. Im Gegenteil: Genetisch fixierte Spezialisierungen in Körperbau und Verhalten sind bei verschiedenen domestizierten Züchtungen erst mit Absicht eingepflanzt worden.

Kurzum, Züchtungen von Haustieren unterscheiden sich häufig im Verhalten, und diese Unterschiede sind genetisch mehr oder minder starr fixiert. Ihr Verhalten ist Teil eines Komplexes von Eigenschaften, die eine gegebene Züchtung zur Ausführung einer bestimmten Art von Arbeit oder Funktion erst brauchbar machen. Die Art des gezeigten Verhaltens wie auch der Grad seiner Fixiertheit sind durch die künstliche Selektion induziert, die die Eigentümer der Tiere im Verlauf der Formung einer gegebenen Züchtung bewußt oder unbewußt betrieben haben. Das Evolutionsmuster der menschlichen Art sieht ganz anders aus. Die natürliche Selektion hat erbarmungslos die Fähigkeit der Menschen begünstigt, zu lernen und ihr Verhalten je nach den Umständen ihres Auswachsens und der sozialen Bedingungen zu modifizieren, in denen sie sich vorfinden. Das ist genau das Gegenteil der Selektion bei der Züchtung domestizierter Tiere. Ferner hat die Selektion für Bildbarkeit und kulturelle Empfänglichkeit nicht nur in ein paar Populationen und Rassen stattgefunden, sondern in der gesamten menschlichen Art, und zwar ununterbrochen seit Beginn der Menschwerdung und deren Abhängigkeit von Kultur als Methode der Anpassung an und Kontrolle über die Umwelt. Zwei Millionen Jahre oder hunderttausend Generationen sind wahrscheinlich noch vorsichtige Schätzungen über die Dauer dieses Selektionsprozesses. Die evolutionäre Einzigartigkeit der menschlichen Art sollte man nicht unterschätzen.

III

Epilog:
Das Bild des Menschen

Vor drei Jahrhunderten beschrieb Pascal die *conditio humana* mit unerreichter Hellsicht und Schärfe:

»Bedenke ich die kurze Dauer meines Lebens, aufgezehrt von der Ewigkeit vorher und nachher; bedenke ich das bißchen Raum, den ich einnehme, und selbst den, den ich sehe, verschlungen von der unendlichen Weite der Räume, von denen ich nichts weiß und die von mir nichts wissen, dann erschaudere ich und staune, daß ich hier und nicht dort bin; keinen Grund gibt es, weshalb ich grade hier und nicht dort bin, weshalb jetzt und nicht dann. Wer hat mich hier eingesetzt? Durch wessen Anordnung und Verfügung ist mir dieser Ort und diese Stunde bestimmt worden? Das ewige Schweigen dieser unendlichen Räume macht mich schaudern.«

Ob vor dem Schweigen der unendlichen Räume unsere Zeitgenossen mehr oder weniger schaudern als Pascal, läßt sich schwer sagen. Die Räume wissen noch immer nichts von uns, doch wir beginnen, etwas über die Räume zu wissen. Durch wessen Anordnung uns dieser Ort und diese Stunde bestimmt sind, ist freilich, wenn überhaupt, eher noch geheimnisvoller geworden.

Die entferntesten Objekte, die wir bisher im Universum entdeckt haben, sind Galaxien, die einige fünf Milliarden Lichtjahre entfernt sind. Die geheimnisvollen Quasare (quasi-stellare Objekte), oder einige von ihnen, sind vielleicht ebenso weit weg, doch wird über ihre Natur und Entfernung unter Kosmologen noch gestritten. Dies sind Entfernungen, die unsere Vorstellungskraft weit überschreiten; die Strahlen dieser Objekte, die uns heute erreichen, nahmen vor Milliarden Jahren ihren Ausgang. Das Universum – so nimmt man an – begann mit einem »Urknall«, einer kosmischen Explosion, die das Universum »sich ausdehnen« ließ oder vielmehr bewirkte, daß seine verschiedenen Bestandteile mit ungeheurer Geschwindigkeit in allen Richtungen auseinanderstoben. Für das Datum dieser Explosion und folglich für das vermutliche Alter des Universums rechnet man mit Größenordnungen von 10 bis 15 Milliarden Jahren. Diese Schätzungen werden jedoch durch neuere Erkenntnisse eher noch größer als kleiner.

Die Anzahl der im 200-Zoll-Teleskop sichtbaren Galaxien im Universum schätzt man auf nahezu eine Milliarde. Unsere Galaxis ist nur eine einzige davon, enthält aber vielleicht zwischen einer Million und 100 Millionen Planetensystemen. In einem von diesen befindet sich ein Planet mittlerer Größe, den wir bewohnen. Die Vorstellung, der Planet Erde sei in irgendeiner Weise einzigartig, erscheint vielen Wissenschaftlern als ziemlich ausgefallen. Immerhin ist die Erde der einzige Planet, von dem wir sicher wissen, daß ein winziger Bruchteil seiner Masse an einem Vorgang beteiligt ist, den man Leben nennt. Darüber hinaus ist die Verschiedenartigkeit lebender Wesen höchst eindrucksvoll. Es gibt gegenwärtig mindest zwei Millionen Arten – oder Spezies – von Leben auf der Erde, und in der Vergangenheit waren es noch mehr, doch sind diese ausgestorben.

Das Problem extraterrestrischen Lebens

Es gibt blühende Spekulationen bezüglich der Möglichkeit, daß auf anderen Planeten, in anderen Planetensystemen oder Galaxien Leben in irgendeiner Form existiert. Manche Autoritäten gehen soweit, es als sicher zu bezeichnen, daß Leben an vielen Stellen des Universums nicht nur entstanden sein könnte, sondern entstanden ist. Ja mehr noch: Auf vielen Planeten, auf denen es Leben gibt, müssen sich fühlende und denkende Wesen entwickelt haben. Mit anderen Worten: »Wir sind nicht allein«. Für die Erforschung des vermuteten extraterrestrischen Lebens ist die Bezeichnung »Exobiologie« erfunden worden. Die Probleme der Exobiologie können hier nicht angemessen diskutiert werden; ich bin mir darüber klar, daß die nachfolgenden Bemerkungen den geistvollen Spekulationen auf diesem Gebiet vielleicht Unrecht tun. Ich muß mich jedoch fragen, ob sich die Exobiologen nicht am Ende als hochkarätige Spezialisten für einen nicht vorhandenen Gegenstand herausstellen. Das Standardargument für die Existenz von Leben an vielen Stellen des Universums lautet etwa so: Obwohl der kritische Schritt vom Nichtlebendigen zum Lebendigen ein seltenes und unwahrscheinliches Ereignis sein mag, so gibt es doch einige 100 Millionen Planeten in unserer Galaxis, auf denen dieser Schritt vollzogen werden könnte; folglich muß er auf einigen oder sogar vielen vollzogen worden sein. Doch dieses Argument ist nicht wirklich überzeugend, weil niemand zuverlässig weiß, wie wahrscheinlich oder unwahrscheinlich dieses Ereignis unter verschiedenartigen Umständen wirklich ist. Sicher ist, daß das Ereignis zumindest einmal eintrat: auf der Erde. Anhaltspunkte dafür, daß es kein einzigartiges Ereignis war, müssen erst noch beigebracht werden – sie können nicht vorausgesetzt werden.

Nehmen wir aber trotzdem, um des weiteren Arguments willen, an, daß Leben an vielen Stellen entstanden ist und daß es außerdem Leben auf der Basis von Kernsäuren und Proteinen war, mit anderen Worten, ein in chemischer Hinsicht gleichartiges Leben wie auf der Erde. Dann folgt noch lange nicht, daß sich solches Leben anderswo so entwickelt haben muß, wie es sich auf unserem Planeten entwickelt hat, gar nicht davon zu reden, daß es menschenähnliche (humanoide) Organismen erzeugt haben muß. Evolution ist grundsätzlich Anpassung an die Umwelt; selbst wenn es irgendwo Umwelten gäbe, die denen auf der Erde ähnlich, wenn auch natürlich nicht identisch mit ihnen wären, so hätte ein Nachvollzug oder eine Wiederholung des irdischen Evolutionsgeschehens eine Wahrscheinlichkeit von praktisch Null. Das liegt daran, daß die biologische Evolution nicht zur Erreichung irgendeiner bestimmten Form von Angepaßtheit an die Umwelt vorherbestimmt ist. Sie hat einen Spielraum von Möglichkeiten, der theoretisch unbegrenzt ist.

Die Evolution ist ein schöpferischer Prozeß, von dem es höchst unwahrscheinlich ist, daß er zweimal oder mehrmals in derselben Art und Weise auftritt. Im primordialen Leben war der Mensch nicht enthalten, es sei denn als eine unter unendlich vielen Möglichkeiten. Wie diese anderen, nicht realisierten Möglichkeiten aussahen, werden wir wahrscheinlich nie erfahren. Und doch war die Entstehung des Menschen auch kein bloßer Zufall, es sei denn, man entschließt sich dazu, die gesamte Geschichte, einschließlich der biologischen Geschichte und der Geschichte menschlicher Gesellschaften, Staaten und Völker, als Serie von Zufällen zu betrachten. Das ist eine mögliche Auffassung, aber keine sehr attraktive. Sinnvoller ist es, die biologische und die menschliche Geschichte als Abfolge einzigartiger Ereignisse zu beschreiben, wobei jedes Ereignis in lockerer Verknüpfung steht mit dem, was vorher war und künftig folgen wird und dennoch unwiederholbar ist. George Simpson (1964) hat Argumente vorgebracht, die den obigen im wesentlichen ähnlich sind, und zwar in einem brillanten Kapitel mit dem Titel »Keine Vorherrschaft der Humanoiden« (»The Non-prevalence of Humanoids«), d. h. keine Vorherrschaft als auf unserem Planeten. Unsere Art, die Menschheit, ist fast mit Sicherheit allein im Universum, und insoweit ist auch unser Planet einzigartig.

Dieses »Alleinsein« erkennen heißt nicht notwendig, das Pascalsche »Schaudern« und »Staunen« erfahren. Ganz im Gegenteil. Der Raum, den die Menschheit einnimmt, und die Dauer ihrer bisherigen Existenz sind in der Tat sehr klein, verglichen mit der heute bekannten »Weite der Räume«. Die Botschaften, die wir von der Erde aussenden wollen, um die Tätigkeit des Menschen zu beschreiben, müssen vielleicht Milliarden von Jahren mit Lichtgeschwindigkeit unterwegs sein, um die Quasare und die entferntesten Galaxien zu erreichen, und dann gibt es dort wahrscheinlich niemanden, der diese Botschaft empfängt. Heißt das nun, daß all unser Tun – das jedes Einzelnen und das der menschlichen Art als ganzes – ein bloßer unbedeutender Hauch ist? Keineswegs; gerade weil sie einzigartig ist, mag die Geschichte der menschlichen Art auf Erden kosmische Bedeutung haben. Dieser Gedanke muß keine verblendete Einbildung sein. Unsere Art mag sehr wohl als einzige entdeckt haben, daß das Universum und alles, was darin ist, einschließlich der Menschheit, ein sich änderndes Produkt der Evolution ist. Es ist weder seine Größe noch die geometrische Mitte im Sonnensystem oder in unserer Galaxis oder im Universum, was den Planeten Erde so wichtig macht. Es ist die Tatsache, daß sich der Funke des Selbstbewußtseins, des Todesbewußtseins und des Evolutionsbewußtseins hier auf Erden entzündet hat und nirgendwo sonst.

Evolution und Menschenbild

Das Bild des Menschen, wie es Pascal und seine Zeitgenossen und Nachfolger sahen, unterscheidet sich von dem, das sich aus der Evolutionsforschung ergibt. Der Unterschied wird verständlich, wenn man ihn vor dem Hintergrund der Wissenschaftsgeschichte und ihren philosophischen Implikationen seit Kopernikus, Galilei, Newton und Darwin betrachtet. Auch hier bin ich gezwungen, mich allzu kurz und, wie ich fürchte, allzu dogmatisch auszudrücken. Der vor-kopernikanische Mensch hatte zweifellos das Gefühl, daß er nicht nur das Herz des Universums sei, sondern daß das Universum für ihn und um seinetwillen geschaffen war. Die Erde war der Mittelpunkt mehrerer konzentrischer Sphären: des Mondes, der Sonne, der Planeten und Fixsterne. Gott sah die geringsten Dinge auf Erden von irgendwo weit oben. Das Innere der Erde barg eine ausgeklügelt eingerichtete Hölle; wer nicht auf Dauer in ihr verweilen wollte, konnte dies nur durch Wohlverhalten während seiner kurzen Erdentage sowie durch Vermittlung der eigens hierzu berufenen kirchlichen Autoritäten bewirken. Da das Reisen beschwerlich und langsam war, schien die Erde sehr groß zu sein. Sie schrumpfte in dem Maße zusammen, in dem sie allmählich erforscht wurde und das Reisen leicht und rasch vonstatten ging. Im Jet-Zeitalter ist sie ziemlich klein geworden. Aber ob groß oder klein, die Erde war für den Menschen da und zur Verwirklichung der geheimnisvollen Pläne Gottes zur Erlösung des Menschen.

All diese Vorkehrungen nun befreiten den Menschen nicht von seinen Ängsten. Er stand vor dem *mysterium tremendum* – warum hat Gott die Dinge so eingerichtet und nicht anders? Das jedoch war ein außergewöhnliches Geheimnis – sicherlich das größte; denn Geheimnisse gab es allenthalben, von den Launen des Wetters bis zum Verhalten von Freunden und Feinden. All diese Dinge waren das Werk von Geistern – guten oder bösen. Aber obwohl die Geister mächtiger als die Menschen waren, so war man ihnen doch nicht völlig wehrlos ausgeliefert, sondern konnte sich des Beistandes bestimmter Geister gegen die andern versichern.

Mit der Entwicklung der Wissenschaft begann die Situation, sich zu wandeln. Das Geheimnis schien zu weichen; doch in Wirklichkeit wurde es nur an den Anfang der Welt zurückverlegt. Kopernikus, nach ihm Kepler und Galilei und noch später Newton veränderten, zusammen mit ihren Schülern und Nachfolgern, das Bild vom Universum und vom Menschen. Die Erde ist ein ziemlich kleiner Planet, der sich um eine viel größere Sonne dreht. Statt der Himmelssphären gibt es nur die endlose Leere, in der sich andere Planeten, Sonnen und Galaxien befinden, wie winzige Eilande in einem unermeßlichen Ozean. Der Mensch ist in kosmischen Räumen verloren. Es ist jedoch nicht die räumliche Kleinheit des Menschen, die ins Gewicht fällt. Vielmehr ist es die mechanische und unerbittlich bestimmende Natur des Universums, und letztlich auch des Menschen selbst, die das Menschbild verändert. Himmelserscheinungen sind berechenbar und voraussagbar, vorausgesetzt, man hat die präzisen und ewigen Gesetze entdeckt, denen sie gehorchen. Biologische und psychologische Phänomene sind nicht so gut voraussagbar, aber nur deshalb, weil sie viel komplizierter und die sie beherrschenden Gesetze noch nicht entdeckt sind. Descartes stellte fest, der menschliche Körper sei nicht weniger eine Maschine wie eine Uhr oder sonst ein »Automat«, wenn er auch überzeugt blieb, daß der Mensch eine nichtmechanische Seele habe. Andere fanden die Hypothese mit der Seele überflüssig. Der Mensch ist eine Maschine, und damit basta.

In Gott erblickte man eine weitere überflüssige Hypothese. Zwar hatten Newton und viele andere Wissenschaftler an ihrer Religion festzuhalten versucht. Newton glaubte, daß die Planeten zu Beginn von Gott in ihre Bahn gelenkt wurden. Aber im Anschluß an diesen ursprünglichen göttlichen Akt folgen die Planeten den ihnen gemäßen Kreisbahnen nach unwandelbaren Gesetzen und ohne weitere Aufsicht. Die meisten hielten Gott für den ursprünglichen Schöpfer und Gesetzgeber des Universums. Nachdem er das Universum erschaffen und in Gang gesetzt hatte, befand er es für so gut, daß seine Gegenwart nicht mehr erforderlich war. Anstelle von Geheimnissen haben wir die Naturgesetze. Manche glaubten auch, Gott habe sich das Recht eines gelegentlichen wunderbaren Eingreifens vorbehalten, um zeitweise selber die Gesetze außer Kraft zu setzen, die er früher etabliert hatte. Anderen erscheint ein solches Verhalten ungeziemend für den allweisen und allwissenden Schöpfer. Besser stellt man ihn sich als abwesenden Hausherrn vor, der die Dinge ihren »natürlichen« Gang gehen läßt.

Aber das Geheimnis, zur Vordertür hinausgetrieben, kommt gern durch die Hintertür wieder hereingeschlichen. Hat der Schöpfer und Gesetzgeber wirklich alle Dinge zum besten bestellt? Wenn man ihm die Ordnung, die Schönheit und das Gute in der Welt zuschreibt, dann muß er damit auch für die Unordnung, die Häßlichkeit und das Böse verantwortlich sein. Die Weltmaschinerie hat ernsthafte Mängel, und das ist ein Geheimnis, das unsere Fassungskraft übersteigt. Zu einem Gott als abwesendem Hausherrn kann man schwerlich beten, mithin ist er entweder nicht willens oder nicht in der Lage, die Kausalabfolgen zu ändern, die die Ereignisse bewirken.

Hierzu kommt noch die Hoffnungslosigkeit des Determinismus. In ihrer Formulierung durch Laplace besagt die Lehre vom Determinismus im wesentlichen, daß, wenn man die Lage und Geschwindigkeit jedes Partikels im Universum in einem bestimmten Augenblick kennt und dieses Wissen einer Analyse unterzieht, man jedes künftige Ereignis voraussagen und auch jedes vergangene Ereignis nachträglich ermitteln (retrodizieren) könnte. Obwohl diese Feststellung zwei recht schwindelerregende »Wenns« enthält, ist der Determinismus doch implizit oder explizit ein Glaube, der Grundlage der wissenschaftlichen Betätigung ist. Er hat jedoch eine unangenehme Konsequenz: Es gibt nichts Neues in der Welt; denn alles, was je geschieht, war von Anfang an vorherbestimmt. Keine menschliche Anstrengung oder Unterlassung kann irgend etwas ändern, weil auch sie vorherbestimmt ist. Das ist ein weit strengerer Fatalismus als jener, der gelegentlich (und meist zu Unrecht) orientalischen Philosophien zugeschrieben wird.

Man hat Darwin den Newton der Biologie genannt, obwohl der Kopernikus oder Galilei der Biologie vielleicht eine bessere Bezeichnung wäre. Noch gibt es in der Biologie nichts, was etwa den Gravitationsgesetzen an die Seite zu stellen wäre; der Newton der Biologie muß erst noch geboren werden. Das heißt nicht, den Beitrag Darwins unterschätzen. Er hat gezeigt, daß die biologischen Arten, einschließlich des Menschen, nicht völlig fertig aufgetreten sind; ihre mannigfaltigen Strukturen und Funktionen sind keine bloßen Grillen der Natur oder eines Schöpfers. Jede lebende Art stammt von Vorfahren ab, die anders waren als sie selbst ist, und im allgemeinen um so stärker anders, je weiter man zeitlich zurückgeht. Es ist wahrscheinlich, wenn auch nicht sicher, daß alle heute lebenden Wesen Abkömmlinge eines primordialen Lebens sind, das vor etwa vier Milliarden Jahren auftrat. Vermutliche Überreste von dreieinhalb Milliarden Jahre alten Lebewesen sind jüngst gefunden worden. Die organische Verschiedenheit ist eine Folge der Anpassung an unterschiedliche Umwelten; die endlose Vielfalt von Körperstrukturen und -funktionen ermöglicht eine endlose Verschiedenheit von Lebensweisen. Es gibt deshalb so viele Arten von Organismen, weil sie sich umfassender, als es ein einzelner Organismus wohl könnte, die unterschiedlichen Möglichkeiten zunutze machen können, die eine Umwelt zum Leben bietet.

Die entwicklungsgeschichtliche Einzigartigkeit des Menschen

Die menschliche Art hat eine einzigartige Methode entwickelt, um mit ihrer Umwelt fertig zu werden. Das ist die Kultur. Kultur wird nicht von Generation zu Generation durch die Gene übermittelt, auch wenn ihre biologische Basis auf diese Weise weitergegeben wird. Man hat die Kultur »superorganisch« genannt, obwohl sie sicherlich auf einem organischen Fundament ruht. Der Mensch ist ein Tier; doch ist er so außergewöhnlich, daß er viel mehr als ein Tier ist. Darwin und die ihm folgenden Evolutionstheoretiker haben damit auf die Welt des Lebendigen und sogar auf die Menschenwelt jene Prinzipien übertragen, die sich bei der Erforschung der physikalischen Welt als hervorragend brauchbar erwiesen hatten. Die Biologie hat heute das Gespenst des Vitalismus gebannt, der im Leben etwas mit der übrigen Natur radikal Unvereinbares sehen wollte. In der Biologie hat der Mechanismus triumphiert. Dieser Triumph ist es, wofür Darwin und die Evolutionstheorie in der Hauptsache begrüßt wurden und noch werden. Es gibt jedoch noch einen anderen Aspekt des Evolutionismus, der vielleicht ebenso wichtig oder womöglich noch wichtiger ist. Er erblickt das gesamte Universum und was in ihm ist in einem Prozeß der Veränderung und Entwicklung. Das Universum ist unterwegs, irgendwohin. Wohin geht es?

Die Größe des Newtonschen Bildes vom Universum lag in seinem erhabenen Gleichmaß und der Präzision seiner Gesetze. Planeten und deren Satelliten folgen ihren Bahnen ein ums andere Mal, auf voraussagbare Weise. Mehr noch, da Newton das traditionelle Schöpfungsdatum wie auch die apokalyptische Voraussage des Weltendes anerkannte, gab es nur wenig Gelegenheit zu einem Wandel in der Vergangenheit oder Zukunft. Die Gesetze von der Erhaltung der Masse und der Energie wurden später entdeckt; hier gab es jedoch einen Bruch im Gleichmaß – die Energie bleibt zwar erhalten, unterliegt aber einer gerichteten Veränderung aufgrund der Entropie.

In der biologischen Evolution dagegen geht es nicht um Beständigkeit, sondern um Veränderung und Wandel. Darwin und seine Nachfolger haben gezeigt, daß sich die heutige Welt des Lebendigen von dem unterscheidet, was sie in der Vergangenheit war, und daß sie in der Zukunft wieder anders sein kann. Es stellte sich heraus, daß die Menschheit eine bis dahin unerhörte Art von Geschichte hatte, die Geschichte ihrer allmählichen Fortentwicklung von den tierischen Vorfahren, zusätzlich zur überlieferten Geschichte von Patriarchen, Königen, Schlachten und Reichen. Während die überlieferte Geschichte nur ein paar tausend Jahre zurückreicht, reicht die biologische Geschichte bis zu einer oder anderthalb Millionen Jahre zurück. Und auch diese Geschichte ist kurz, verglichen mit der des Lebens, aus dem der Mensch kam und das vielleicht vier Milliarden Jahre währte. Und noch weiter zurück liegen weitere Milliarden von Jahren, in denen das Universum ohne Leben und ohne Menschen existierte.

Ich möchte nun nicht so verstanden werden, als ob ich sagen wollte, daß es Darwin war, der aus der Evolution ein Universalprinzip gemacht hat. Tatsächlich hatte man schon vor Darwin erkannt, daß das Planetensystem eine Entstehungsgeschichte aus der Ursonne oder aus einer Materienmasse gehabt hat, aus der sowohl die Sonne wie die Planeten entstanden. Die menschliche Geschichte ist zumindest seit Herodot und Thukydides erforscht worden; im späten 18. Jahrhundert schrieb ihr Condorcet Gerichtetheit zu – von einem primitiven Barbarentum zu einem irdischen Paradies vollendeter Aufklärung. Darwins Theorie der biologischen Evolution ist jedoch der Eckstein der entwicklungsgeschichtlichen Konzeption der Welt, die bei der Evolution des Kosmos beginnt und in der Evolution der Menschheit gipfelt. Moderne Kosmologie ist evolutionäre Kosmologie. Selbst die Atome der chemischen Elemente, die bisher als Sinnbild der Unteilbarkeit und Unveränderbarkeit galten, haben, wie sich herausgestellt hat, eine Entwicklungsgeschichte. In der schlichten Sprache mancher modernen Kosmologen sind die Atome bei der Explosion zu Beginn der kosmischen Evolution »gekocht« worden und werden in den Schmelzöfen im Inneren der Sonne und der Sterne noch immer gekocht.

Einige Autoren haben darauf gedrungen, den Ausdruck »Evolution« allein für die biologische Evolution zu gebrauchen. Ich teile diese Auffassung nicht, weil es mir wichtig zu sein scheint, der Vorstellung Ausdruck zu geben, daß Veränderung und Entwicklung für nichtlebende wie für lebende Materie charakteristisch sind. Dies verhindert nicht die Einsicht, daß die Prozesse der kosmischen, anorganischen oder geologischen Evolution sich von biologischen Evolutionsprozessen unterscheiden. Die Ursachen der biologischen Evolution muß man in der Vererbung, der Mutation und der natürlichen Selektion suchen. Die sind in nichtlebenden Systemen nicht anzutreffen, und die Analogien, die manche Autoren zu ziehen suchten, sind bestenfalls entfernt davon. Andere Analogien zu Vererbung, Mutation und natürlicher Selektion hat man für die soziale und kulturelle Evolution des Menschen behaupten wollen – wie ich fürchte, mit noch geringerem Erfolg. Diese Analogien sind häufiger vernebelnd als aufklärend.

Ich kann auch keinen großen Vorteil in Auffassungen sehen, wie sie so brillant von Philosophen wie Whitehead und Hartshorn vertreten werden. Sie schreiben anorganischen Systemen, ja sogar Atomen und subatomaren Teilchen, gewisse Rudimente von Leben, Individualität und ferner von Bewußtsein und Willen zu. Überflüssig zu sagen, daß es keine positiven Anhaltspunkte – weder zwingende noch angenäherte – für irgendwelche derartigen biologischen und menschlichen Qualitäten in nichtlebenden Systemen gibt. Selbst als spekulative Möglichkeit erscheinen mir solche Ansichten nicht attraktiv. Sie laufen wirklich darauf hinaus, daß niemals etwas substantiell Neues während der Evolution entsteht. Sie sind ganz analog zu den frühen präformistischen Begriffen in der Biologie; einige Biologen des 18. Jahrhunderts glaubten, daß eine Geschlechtszelle einen »homunculus«, eine winzige menschliche Gestalt enthalte. Das schien das Problem der Entwicklung sehr einfach zu machen: Der Homunculus brauchte bloß an Größe zuzunehmen, um ein ausgewachsener Mensch zu werden, und eine entsprechende Miniatur in einer tierischen Geschlechtszelle brauchte nur zu wachsen, um zu dem ausgewachsenen Tier der jeweiligen Art zu werden. Aber diese Einfachheit war trügerisch; denn sie machte das Problem der Entwicklung mehrerer, aufeinander folgender Generationen unlösbar. Man mußte annehmen, daß die Homunculi selber Homunculi zweiten Grades, diese wieder Homunculi dritten Grades usw. enthielten. Eine analoge Schwierigkeit entsteht beim »Geist« der Atome. Es könnte zunächst scheinen, daß sich der menschliche Geist einfach durch Wachstum aus dem atomaren Geist entwickeln könnte. Der menschliche Geist hat jedoch in irgendeiner Form etwas mit dem menschlichen Hirn zu tun, und wo ist das Gehirn von Atomen und Elektronen?

Der interessanteste Aspekt der Evolution ist genau der, daß sie Neues erschafft. Von Zeit zu Zeit transzendiert sie sich selbst, d. h. sie produziert neuartige Systeme mit neuartigen Eigenschaften – Eigenschaften, die in den vorhergehenden Systemen auch nicht als winzige Keime angelegt waren. Das Entstehen von Lebendem aus Nichtlebendem und das Entstehen von Menschheit aus Tierheit sind bisher die zwei grandiosesten entwicklungsgeschichtlichen Transzendierungen. Teilhard de Chardin war derjenige Evolutionstheoretiker, der den Mut hatte, weitere Transzendierungen vorauszusagen, bei denen sich die Menschheit auf das zubewegt, was er Megasynthese und Punkt Omega nannte, welch letzteres sein Symbol für Gott war. Hier bewegen wir uns offenkundig in einem Grenzland, indem Teilhards Wissenschaft mit seiner mystischen Vision zusammengewirkt hat. Ich habe in der vorliegenden Diskussion nicht die Absicht, mit dem Leser dieses Grenzland der Prophetie aufzusuchen.

Wie bereits gesagt wurde, wissen wir nicht sicher, ob die Transzendierungen vom Nichtlebendigen zum Leben und vom Tier zum Menschen allein auf unserem Planeten Erde stattgefunden haben oder auch an vielen anderen Stellen des Universums. Positive einschlägige Informationen zu dieser Frage werden sich vielleicht aus dem Fortschritt der Raumfahrt ergeben. Aber wie dem auch sei: Wir haben hinreichend schlüssige Beweise dafür, daß diese drei Arten der Evolution – die anorganische, organische und menschliche – hier auf Erden stattgefunden haben. Diese drei Arten der Evolution sind nicht voneinander unabhängig; es sind eher die drei Phasen der einen Evolution des Kosmos. Wenn ich von Phasen spreche, will ich damit nicht sagen, daß die kosmische Evolution aufgehört hätte als die biologische Phase begann, oder die biologische Evolution aufgehört hätte als die menschliche Phase begann. Im Gegenteil, die drei Arten von Evolution gehen nicht nur weiter, sondern sind auch durch Rückkoppelungsbeziehungen untereinander verknüpft. Beispielsweise beeinflußt die Geographie die Lebewesen, die ein gegebenes Gebiet bewohnen; umgekehrt sind heute Vegetation, Tiere, vor allem aber menschliche Tätigkeiten zu geographischen und sogar geologischen Triebkräften geworden. Die kulturelle Evolution des Menschen beeinflußt sein Erbgut und umgekehrt. In den letzten Jahren sind in der Öffentlichkeit alarmierende Auffassungen stark beachtet worden, wonach sich das menschliche Erbgut in einem Prozeß der Degenerierung befindet, was wiederum zu düsteren Zukunftsprognosen geführt hat. Dieses Thema kann in diesem Buch nicht angemessen diskutiert werden; nach meiner Überzeugung sind die Gefahren übertrieben worden, und jedenfalls befindet sich die Situation nicht außerhalb jeglicher Kontrolle.

Die evolutionäre Weltauffassung schafft nicht die klassische mechanistische Auffassung Newtons ab. Die Veränderung, die der Evolutionismus vornimmt, ist trotzdem von größter Bedeutung für die Auffassung des Menschen von sich selbst und seiner Stellung im Universum. Die klassische Konzeption betonte die wesentliche Dauer der Dinge, zumindest für den Zeitraum, in dem die Welt existiert. Die evolutionäre Konzeption unterstreicht Veränderung und Bewegung. Die vorevolutionäre Weltauffassung leugnete selbstverständlich nicht jeglichen Wandel, aber die Veränderungen wurden doch gewöhnlich als zyklisch vorgestellt, und die Welt im ganzen bewegte sich in keine bestimmte Richtung. Frühling, Sommer, Herbst und Winter kehren stets zu den festgesetzten Zeiten wieder; die Menschen werden geboren, wachsen auf, gründen Familien, werden alt und sterben, und eine neue Generation durchläuft die gleichen Phasen; Pflanzen und Tiere erzeugen wie die Menschen Generation um Generation; Himmelskörper folgen ihren Bahnen ein ums andere Mal; Gebirge entstehen, werden abgetragen, versinken im Meer, erheben sich wieder usw. Aber um ein französisches Sprichwort zu gebrauchen: Je mehr sich die Dinge ändern, desto mehr bleiben sie gleich.

Konstanz, das Fehlen von Veränderung und regelmäßige Wiederkehr scheinen für viele Menschen etwas Sicheres und Tröstliches zu sein. »Wie in der guten alten Zeit« ist ein von Sehnsucht getöntes Kompliment. Veränderung bringt Unsicherheit; man muß sich veränderten Situationen anpassen, einfügen oder mit ihnen versöhnen. Unwandelbarkeit, ewige Wiederkehr des Gleichen sind der Gipfel der Nichtigkeit. Eine Welt, die für immer dieselbe bleibt, ist sinnlos. Sie ist das, was Dostojewski einen »Teufelstanz« nannte. Alles Mühen und Streben, das ein Mensch oder eine ganze Generation durchmachen müssen, sind umsonst, weil die nächste Generation, und die danach und so weiter ad infinitum genau dieselben Mühen wieder von vorn durchmachen muß.

Was ist das Besondere an der Idee der Evolution? Es ist ganz einfach dies: Das Universum ist kein Zustand, sondern ein Prozeß. Die Schöpfung ist nicht irgend etwas, was sich vor ein paar tausend Jahren abgespielt hat, als es noch niemanden von uns gab, der es irgendwie hätte beeinflussen können. Die Schöpfung geht auch heute noch weiter und geht womöglich ohne Ende weiter. Die Ansicht »es gibt nichts Neues unter der Sonne« befindet sich im Irrtum. In der Vergangenheit gab es eine Erde und eine Sonne, die von den heutigen verschieden waren, und in der Zukunft wird es eine neue Erde und eine neue Sonne geben. Eine wichtige Rolle bei dieser Vorwärtsbewegung gebührt jener Erscheinung, die man Leben nennt, und davon einer besonderen Form, die Menschheit heißt und die, soweit wir wissen, nur auf einem einzigen und sonst nicht weiter bemerkenswerten Planeten existiert.

Evolution als schöpferischer Prozeß

Die Evolution des Lebens geht bemerkenswert schnell vonstatten, gemessen an einer kosmischen Zeitskala. Vor zehn Millionen Jahren unterschieden sich die Meere und Gebirge, der Mond, die Sonne und die Sterne nicht beträchtlich von dem, was sie heute sind, aber die auf der Erde wohnenden Lebewesen waren den heutigen ziemlich unähnlich. Vor zehntausend Jahren war die Menschheit ganz anders als heute, während die biologische Welt, abgesehen von der Ausrottung einiger biologischer Arten, schon fast genauso aussah, wie wir sie heute sehen. Die Evolution ist ein schöpferischer Prozeß; das Schöpferische ist am ausgeprägtesten in der kulturellen Evolution des Menschen, weniger stark in der biologischen und am wenigsten in der anorganischen Evolution.

Ein schöpferischer Prozeß läuft seiner Natur nach immer Gefahr, mit einem Fehlschlag zu enden oder sich in eine Sackgasse zu verirren. Jede neue Art ist ein Experiment der Natur, mit dem sie eine neue Lebensweise erprobt. Die meisten Arten erweisen sich schließlich als erfolglos und sterben ohne Nachkommenschaft aus. Aber einige Arten – eine Minderheit – entdecken neue oder überlegene Möglichkeiten, sich in der Umwelt, die die Erde bereithält, einzurichten. Diese wenigen glücklichen Entdecker ererben die Erde und machen das durch, was unter dem Fachausdruck »adaptive Radiation« bekannt ist. Das heißt, die überlebenden Arten differenzieren sich und werden wieder zu vielen neuen Arten, die wiederum den Prozeß der Entdeckung, des Aussterbens und der neuen adaptiven Radiation durchmachen. Das ist jedoch nicht ein weiteres Beispiel für ewige Wiederkehr! Neue adaptive Radiationen stellen nicht einfach bloß wieder her, was früher war; unter den neuen Arten mögen einige sein, die zu neuartigen oder sichereren Möglichkeiten des Überlebens gelangt sind, oder die in der Umwelt Nischen entdeckt haben, die bisher nicht genutzt wurden, und so das Lebendige auf Kosten des Nichtlebendigen vermehrt haben.

Der *trial-and-error*-Prozeß der Ausbreitung immer neuer Arten und des Verschwindens alter Arten hat bemerkenswerte Erfolge gezeitigt. Die biologische Evolution hat sich selbst transzendiert, indem sie den Menschen entstehen ließ. Die Menschheit als Art ist biologisch ein außerordentlicher Erfolg. Sie hat die Fähigkeit erlangt, die Umwelt ihren Genen wie auch ihre Gene der Umwelt anzupassen. Diese Fähigkeit stammt aus einem neuartigen, außergenetisch übermittelten Komplex adaptiver Merkmale, den man Kultur nennt. Die Kultur führt zu einer wieder neuen Art der Entdeckung, den Entdeckungen der Erkenntnis, die nachfolgenden Generationen wieder durch außergenetische Lehr- und Lernprozesse weitergegeben werden können. Eine der so bekannt gewordenen Entdeckungen ist die Entdeckung der Evolution. Der Mensch weiß, daß Universum und Leben sich entwickelt haben und daß auch die Menschheit dieses Universum auf dem Wege der Evolution betrat. Mit vielleicht etwas übertriebener dichterischer Freiheit hat man gesagt, der Mensch sei die Evolution, die ihrer selbst bewußt wurde. Aber es ist keine Übertreibung, wenn man sagt, daß sich der Mensch mit der Entdeckung der Evolution die Möglichkeit eröffnet hat, sie schließlich einmal kontrollieren zu lernen.

Das Abenteuer der Schöpfung ist noch nicht beendet; vor unseren Augen geht es weiter. Wir leben gewiß nicht in der besten aller denkbaren Welten und hoffentlich nicht einmal in der besten aller möglichen Welten. Der Mensch fragt sich unablässig, ob seine Existenz und die des Universums, in dem er sich vorfindet, irgendeinen Sinn, eine Bedeutung hat. Wenn es keine

Evolution gibt, ist alles nichtig – insbesondere das menschliche Leben. Wenn sich die Welt entwickelt, ist Hoffnung zumindest möglich.

An diesem Punkt stellt sich unabweisbar eine unbequeme Frage. Kann die Wissenschaft jemals in irgend etwas Sinn entdecken und ist ein Wissenschaftler überhaupt berechtigt, nach Sinn und Zweck zu fragen? Für einen rigorosen Mechanisten, der es ablehnt, evolutionär zu denken, sind Worte wie Sinn, Verbesserung, Fortschritt und Transzendierung bedeutungslose Geräusche. Alles in der Welt, einschließlich mir selber, ist ein Aggregat aus Atomen. Wenn es sich auflöst, werden die Atome noch immer da sein und sich vielleicht zu etwas anderem zusammenschließen. Gibt es einen objektiv definierbaren Unterschied zwischen einem Kunstwerk und einem Abfallhaufen? Wenn sich ein Virus und ein Mensch durch nichts als die unterschiedliche Reihung der Nucleotide in ihren DNA und RNA unterscheiden, dann war die ganze Evolution »Schall und Wut, bedeutend nichts« (Shakespeare).

Eines der Ärgernisse in der menschlichen Geistesgeschichte umschreibt man höflich als »wissenschaftlichen Nachholbedarf«. Die nackte mechanistische Weltauffassung war in der Wissenschaft hauptsächlich während des 18. und 19. Jahrhunderts akzeptabel. Sie hatte sich dadurch legitimiert, daß sie der wissenschaftlichen Forschung einen mächtigen Anstoß gegeben hatte. Heute wird sie von der evolutionären Weltauffassung abgelöst. Die Repräsentanten dessen aber, was C. P. Snow als literarische oder nichtwissenschaftliche Kultur bezeichnet hat, haben erst jüngst die Entdeckung gemacht, daß die Welt nichts als ein Aggregat von Atomen ist. Es ist eine eigentümliche Erfahrung, einen Künstler sagen zu hören, ein Abfallhaufen sei einer ästhetischen Würdigung genauso wert wie die Venus von Milo, weil beides Materie sei, die in eine gewollte Form gebracht wurde; oder wenn ein hervorragender Musiker erklärt, Atonalität und andere Kennzeichen der avantgardistischen Musik seien bloß die

Konsequenz der kopernikanischen Entdeckung, daß der Mensch nicht der Mittelpunkt des Universums ist; oder, bei einem intellektuellen Wortführer zu lesen, daß »etwas Durchdringendes, das den Unterschied – nicht zwischen dem zivilisierten Menschen und dem Wilden, nicht zwischen Mensch und Tier, sondern zwischen Mensch und Roboter ausmacht, taub wird, verknöchert, abfällt wie schwarzes brandiges Fleisch, wenn Technik die Sinne bestürmt und Wissenschaft den Geist regiert«.

In Wirklichkeit ist Wissenschaft weder eine Schurkerei, die die Würde des Menschen schändet, noch die ausschließliche Quelle menschlicher Weisheit. In Toynbees Worten:

»Der Horizont der Wissenschaft ist beschränkt durch die Grenzen der Natur, der Horizont der Ideologien durch die Grenzen des sozialen Lebens des Menschen; doch die Spannweite der menschlichen Seele läßt sich in keiner dieser Schranken fangen. Der Mensch ist ein brotessendes, soziales Tier; aber er ist noch etwas mehr. Er ist Person, begabt mit Gewissen und Willen und auch mit selbstbewußtem Intellekt. Diese seine geistige Mitgift verdammt ihn zu dem lebenslangen Kampf, sich mit dem Universum zu versöhnen, in das er hineingeboren wurde.«

Der Umstand, daß sich das Universum entwickelt hat und weiter entwickelt, ist für diese Versöhnung sicher relevant. Die Heraufkunft des Evolutionismus macht es erforderlich, eine weitere Frage zu stellen, die sich all denen einfach nicht stellen konnte, die da glaubten, die Welt sei ein für allemal geschaffen, stabil und unwandelbar.

Diese Frage lautet: Wohin geht die Evolution? Man kann diese Frage getrennt an alle drei bekannten Arten von Evolution richten – die kosmische, die biologische und die menschliche. Man hat sie aber auch der Evolution als ganzes gestellt, weil sich die drei Arten der Evolution als Bestandteile oder Phasen eines einzigen, allumfassenden Prozesses universaler Evolution auffassen lassen. Dieses Universum, so furchtbar und so herrlich, befindet sich in einem Prozeß der Veränderung. Es kann sein, daß die Evolution nur aufs Geratewohl dahintreibt, sich in keine bestimmte Richtung bewegt. Es gibt aber auch die Möglichkeit – die sich nicht streng demonstrieren läßt –, daß die universale Evolution ein großartiges Unternehmen ist, bei dem alles und jedes Bestandteil ist. Wessen Unternehmen ist es und zu welchem Ziel und Zweck wird es unternommen? Die vier Jahrhunderte des Wachstums der Wissenschaft seit Kopernikus haben dieses Geheimnis nicht gelöst; das eine Jahrhundert seit Darwin hat die Antwort darauf dringender gemacht als je zuvor.

Welche Rolle in der Evolution soll der Mensch spielen? Soll er nur Zuschauer sein oder vielleicht doch Speerspitze und schließlich Herr der Evolution? Es gibt Menschen, die bei dieser Frage mit den Achseln zucken oder vor ihr zurückschrecken werden, weil sie sie für den Ausdruck maßloser Arroganz halten. Da aber der Mensch ein und vermutlich das einzige rationale Wesen ist, das der Evolution innewurde, so kann er es kaum vermeiden, solche Fragen zu stellen. Das Problem, um das es geht, ist kein geringeres als der Sinn seiner Existenz. Lebt der Mensch nur, um zu leben, und gibt es darüber hinaus für ihn keinen Sinn und keine Bedeutung? Oder ist er aufgerufen, an der Konstruktion des besten nur denkbaren Universums mitzuwirken?

LITERATURVERZEICHNIS

Allard, R. W.; und Kannenberg, L. W. 1968. Population studies in predominantly self-pollinating species. *Evolution* 22: 517–528.

Anastasi, A. 1958. *Differential psychology.* New York: Macmillan.

Baker, P. T.; Buskirk, E. R.; Kollias, J.; und Mazess, R. B. 1967. Temperature regulation at high altitude: Quechua Indians and U.S. whites during total body cold exposure. *Human Biol.* 39:155–169.

Baker, P. T.; und Weiner, J. 1966. *Biology of human adaptability.* Oxford: Oxford University Press.

Bielicki, T. 1962. Some possibilities for estimating interpopulation relationship on the basis of continuous traits. *Current Anthrop.* 3:3–8.

Birdsell, J. B. 1972. *Human evolution.* Chicago: Rand McNally.

Bodmer, W. F.; und Cavalli-Sforza, L. L. 1970. Intelligence and race. *Sci. American* 223:19–29.

Bose, N. K. 1951. Caste in India. *Man in India* 31:107–123.

Boyd, W. C. 1950. *Genetics and the races of man.* Boston: Little, Brown.

Brown, R. 1965. *Social psychology.* New York: Free Press.

Burt, C. 1961. Intelligence and social mobility. *Brit. J. Stat. Psychol.* 14:3–24.

Butcher, H. J. 1968. *Human intelligence.* London: Methuen.

Cavalli-Sforza, L. L. 1959. Some data on the genetic structure of human populations. *Proc. X. Internat. Congr. Genetics* 1:389–407.

---. 1969. Human diversity. *Proc. XII. Internat. Congr. Genetics* 3:405–416.

---; und Bodmer, W. F. 1971. *The genetics of human populations.* San Francisco: Freeman.

Chagnon, N. A.; Neel, J. V.; Weitkamp, L.; Gershowitz, H.; und Ayres, M. 1970. The influence of cultural factors on the demography and pattern of gene flow from the Makiritare to the Yanomama Indians. *Amer. J. Phys. Anthrop.* 32:339–350.

Coleman, J. S. 1966. *Equality of educational opportunity.* Washington, D. C.: U.S. Office of Education.

Czekanowski, J. 1962. The theoretical assumptions of Polish anthropology. *Current Anthrop.* 3:481–494.

Darlington, C. D. 1969. *The evolution of man and society.* London: Allen and Unwin.
(Übers.: *Die Entwicklung des Menschen und der Gesellschaft.* Düsseldorf 1971: Econ)

---. 1972. Race, class, and culture. In J. W. S. Pringle, ed., *Biology and the human sciences.* 95–120. Oxford: Clarendon Press.

Darwin, C. 1871. *The descent of man, and selection in relation to sex.* 2 Bände. London: John Murray.
(Übers.: *Die Abstammung des Menschen.* Stuttgart 1960: Kröner)

Dobzhansky, T. 1962. *Mankind evolving.* New Haven: Yale University Press.
(Übers.: *Dynamik der menschlichen Evolution.* Frankfurt am Main 1965: S. Fischer)

---. 1964. *Heredity and the nature of man.* New York: Harcourt Brace Jovanovich.

(Übers.: *Vererbung und Menschenbild*. München 1966: Nymphenburger Verlagshandlung)
---. 1970. *Genetics of the evolutionary process.* New York: Columbia University Press.
---. 1972. Unique aspects of human evolution. In J. W. S. Pringle, ed., *Biology and the human sciences.* Oxford: Clarendon Press.

Eckland, B. K. 1967. Genetics and sociology: A reconsideration. *Amer. Sociol. Rev.* 32:173–194.
---. 1970. New mating boundaries in education. *Social Biol.* 17:269–277.
---. 1971. Social class structure and the genetic basis of intelligence. In R. Cancro, ed., *Intelligence.* 65–76. New York: Grune & Stratton.
---. 1972a. Evolutionary consequences of differential fertility and assortative mating in man. *Evol. Biol.* 5:293–305.
---. 1972b. Trends in the direction and intensity of natural selection, with special reference to the effects of destratification and equal opportunity upon current birth rates. Paper read at the American Museum of Natural History - American Eugenics Society Symposium on Human Evolution, November 18–20, 1971, New York.
---. Population genetics and evolutional selection in the U.S.A. Angekündigter Beitrag zu H. V. Munsham, ed., *Education and population.* Im Druck.
Erlenmeyer-Kimling, L.; und Jarvik, L. F. 1963. Genetics and intelligence, a review. *Science* 142:1477–1479.
Eysenck, H. J. 1971. *Race, intelligence and education.* New York: Library Press.

Fried, M. H. 1968. The need to end the pseudoscientific investigation of race. In M. Mead, T. Dobzhansky, E. Tobach, und R. E. Light, edd., *Science and the concept of race.* New York: Columbia University Press.

Garn, S. M. 1965. *Human races*. Springfield: Charles Thomas.

Glass, B. 1954. Genetic changes in human populations, especially those due to gene flow and genetic drift. *Adv. Genetics* 6:95–139.

Gottesman, I. I. 1968a. A sampler of human behavior genetics. *Evol. Biol.* 2:276–320.

---. 1968b. Biogenetics of race and class. In Deutsch, M., Katz, I. und Jensen, A. R., edd., *Social class, race, and psychological development*. 11–50. New York: Holt, Rinehart and Winston.

Hamilton, W. J.; und Heppner, F. 1967. Radiant solar energy and the function of black homeotherm pigmentation; an hypothesis. *Science* 155:196–197.

Harris, H. 1967. Enzyme variation in man: Some general aspects. *Proc. III. Internat. Congr. Human Genetics* 207–214.

Harrison, G. A. 1967. Human evolution and ecology. *Proc. III. Internat. Congr. Human Genetics* 351–359.

Heber, R. 1968. *Rehabilitation of families at risk for mental retardation.* Madison: University of Wisconsin Regional Rehabilitation Center.

Herrnstein, R. 1971. I. Q. *Atlantic Monthly* 43–64.

Jensen, A. R. 1969. How much can we boost IQ and scholastic achievement? *Harvard Educ. Rev.* 31:1–123.

King, J. L.; und Jukes, T. H. 1969. Non-Darwinian evolution. *Science* 164:788-798.

Kimura, M.; und Crow, J. F. 1969. Natural selection and gene substitution. *Gen. Research* 13:127–141.

Kimura, M.; und Ohta, T. 1969. The average number of generations until fixation of a mutant gene in a finite population. *Genetics* 61:763–771.

Lerner, I. M. 1954. *Genetic homeostasis.* Edinburgh: Oliver & Boyd.

Lewontin, R. C.; und Hubby, J. L. 1966. A molecular approach to the study of genetic heterozygosity in natural populations. II. *Genetics* 64:595–609.

Lipset, S. M. 1968. Social class. *Internat. Encycl. Soc. Sciences* 15:296–316.

Lundman, B. 1967. *Geographische Anthropologie.* Stuttgart: Gustav Fischer.

Malia, M. E. 1972. The intellectuals, adversaries or clerisy? *Daedalus* Summer 1972:206–216.

Marinkovic, D. 1967. Genetic loads affecting fertility in natural populations of *Drosophila pseudoobscura. Genetics* 57: 701–709.

Mayr, E. 1963. *Animal species and evolution.* Cambridge: Belknap.

Mourant, A. E. 1954. *The distribution of human blood groups.* Oxford: Blackwell.

---; Kopec, A. C. und Domaniewska Sobczak, K. 1958. *The ABO blood groups; Comprehensive tables and maps of world distribution.* Oxford: Blackwell.

Myrdal, G. 1962. *An American dilemma.* New York: Harper & Row.

Neel, J. V. 1969. Some changing constraints on the human evolutionary process. *Proc. XII. Internat. Congr. Genetics* 3:389–403.

Newman, M. T. 1963. Geographic and microgeographic races. *Current Anthropol.* 4:189–191, 204–205.

Osborn, F. 1968. *The future of human heredity.* New York: Weybright & Talley.

Otten, C. M. 1967. On pestilence, diet, natural selection, and the distribution of microbial and human blood group antigens and antibodies. *Current Anthropol.* 8:209–226.

Prakash, S.; und Lewontin, R. C. 1968. A molecular approach to the study of heterozygosity in natural populations. III. *Proc. Nat. Acad. Sci.* 59:398–405.

Putnam, C. 1967. *Race and reality.* Washington, D. C.: Public Affairs Press.

Riggs, S. K.; und Sargent, F. 1964. Physiological regulation in moist heat by young American Negro and withe males. *Human Biol.* 36:339–353.

Salzano, F. M.; Neel, J. V.; und Maybury-Lewis, D. 1967. Further studies on the Xavante Indians. *Amer. J. Human Genetics* 19:463–489.

Scarr-Salapatek, S. 1971 a. Unknowns in the IQ equation. (Review.) *Science* 174:1223–1228.

---. 1971 b. Race, social class, and IQ. *Science* 174:1285–1295.

Scott, J. P. 1968. Evolution and domestication of the dog. *Evol. Biol.* 2:243–275.

---; und Fuller, J. L. 1965. *Genetics and the social behavior of the dog.* Chicago: University of Chicago Press.

Shields, J. 1962. *Monozygotic twins brought up apart and brought up together.* London: Oxford University Press.

Shuey, A. M. 1966. *The testing of Negro intelligence.* New York: Social Science Press.

Simpson, G. 1964. *This view of life.* New York: Harcourt, Brace and World.

Singer, E.; und Galston, A. W. 1972. Education and science in China. *Science* 175:15–22.

Skodak, M.; und Skeels, H. M. 1949. A final follow-up study of one hundred adopted children. *J. Genet. Psychol.* 75:85–128.

Spuhler, J. N.; und Lindzey, G. 1967. Radical differences in behavior. In. J. Hirsch, ed., *Behavior - genetic analysis.* 366–414. New York: McGraw-Hill.
Steinberg, A. G.; Bleibtreu, H. K.; Kurczynski, T. W.; Martin, A. O.; und Kurczynski, A. M. 1967. Genetic studies in an inbred human isolate. *Proc. III. Internat. Congr. Human Genetics* 267–289.

Thomson, W. R. 1967. Some problems in the genetic study of personality and intelligence. In J. Hirsch, ed., *Behavior - genetic analysis.* 344–365. New York: McGraw-Hill.
Toynbee, A. 1956. *An historian's approach to religion.* London: Oxford University Press.
(Übers.: *Wie stehen wir zur Religion.* Zürich 1958: Europa)
---. 1961. *A study of history.* 12 Bände. London: Oxford University Press.
Tyler, L. E. 1965. *The psychology of human differences.* New York: Appleton-Century-Crofts.

Vandenberg, S. G. 1970. A comparison of heritability estimates of U.S. Negro and white high school students. *Acta Genet. Med. Gemel.* 19:280–284.

Wallace, B. 1968. *Topics in population genetics.* New York: Norton.
Wiercinski, A. 1962. The racial analysis of human populations in relation to their ethnogenesis. *Current Anthropol.* 3:2, 9–20.
Woolpy, J. H.; und Ginsburg, B. E. 1967. Wolf socialization, a study of temperament in a wild social species. *Amer. Zoologist* 7:357–363.
Wright, S. 1969. *Evolution and the genetics of populations. The theory of gene frequencies.* Chicago: University of Chicago Press.

NAMEN- UND SACHREGISTER

Eberhard Puntsch

Zitaten-Handbuch

10500 Sprichwörter, Aphorismen, Maximen und Zitate der Weltliteratur

Zitate bereichern das Wissen und vermitteln Erfahrungen und Gedanken bedeutender Persönlichkeiten aus vielen Jahrhunderten. Ein treffendes Zitat, beiläufig in die Unterhaltung eingestreut, verfehlt nie seine Wirkung.

Aber es genügt nicht, eine Vielzahl bekannter Zitate und prägnanter Aussprüche nur auswendig zu kennen. Man möchte gleichzeitig wissen, von wem der Ausspruch stammt, in welcher Situation er geprägt wurde oder in welchem literarischen Werk das Zitat zu finden ist.

In diesem Buch sind Sprichwörter aller Völker sowie Sentenzen, Maximen und Aphorismen von Homer bis zur Gegenwart, von bekannten und weniger bekannten Verfassern aus allen Ländern, nach 550 Sachgebieten geordnet, leicht auffindbar und übersichtlich zusammengestellt.

Dieses umfassende Nachschlagewerk ist nicht nur eine Bereicherung Ihrer eigenen Hausbibliothek, sondern auch ein willkommenes Geschenk für Ihre Freunde.

5. Auflage, 1060 Seiten,
Leinen, DM 44,–

moderne

mvg - moderne verlags gmbh

8000 München 50, Ehrenbreitsteiner Straße 36

Medizin

dtv

Jean Delay, Pierre Pichot:
Medizinische Psychologie
Ein Kompendium
dtv-Thieme
4086

dtv-Atlas der Anatomie
Tafeln und Texte
Von W. Kahle,
H. Leonhardt und
W. Platzer
3 Bände
Bisher erschienen:
Band 2: Innere Organe
Von H. Leonhardt
dtv-Thieme
3018

Adolf Faller:
Der Körper des Menschen
Einführung in Bau
und Funktion
dtv-Thieme
3014

Helmut Gillmann:
Physikalische Therapie
Grundlagen und
Wirkungsweisen
dtv-Thieme
4109

Paul Kielholz,
Dieter Ladewig:
Die Abhängigkeit von Drogen
4134

Dietrich Langen:
Psychotherapie
Ein Kompendium für
Studierende und Ärzte
dtv-Thieme
4063

Heinrich Schipperges:
Moderne Medizin im Spiegel der Geschichte
dtv-Thieme
4044

Jürgen Stegemann:
Leistungsphysiologie
Physiologische Grundlagen
der Arbeit und des Sports
dtv-Thieme
4087

Zetkin / Schaldach:
dtv-Wörterbuch der Medizin
Hrsg. von Herbert
Schaldach
3 Bände
dtv-Thieme
3017–3019

Walter Züblin:
Das schwierige Kind
Einführung in die
Kinderpsychiatrie
dtv-Thieme
4048

dtv Lexikon

Ein Konversationslexikon in 20 Bänden.
Jeder Band ca. 320 Seiten; mit insgesamt über 100000 Stichwörtern von A bis Z, 5600 Abbildungen und 32 Farbtafeln.
Dieses handliche Nachschlagewerk wurde vom Deutschen Taschenbuch Verlag nach den lexikalischen Unterlagen des Verlags F. A. Brockhaus erarbeitet.
Bei den zahlreichen Neuauflagen und Nachdrucken werden laufend aktuelle Ergänzungen eingearbeitet.
3051–3070